广东省高职院校高水平专业群建设项目成果
广东省普通高校特色创新项目成果
广东省高等职业教育教学质量与教学改革工程项目成果

客家菜点创新与制作

杨锦冰　谢剑锋　黄勇强　著

U0212737

中国商业出版社

图书在版编目(CIP)数据

客家菜点创新与制作 / 杨锦冰,谢剑锋,黄勇强著
. ——北京:中国商业出版社,2023.9
ISBN 978－7－5208－2655－6

Ⅰ.①客… Ⅱ.①杨… ②谢… ③黄… Ⅲ.①客家人
－菜谱 Ⅳ.①TS972.182

中国国家版本馆 CIP 数据核字(2023)第 188267 号

责任编辑:郑 静
(策划编辑:蔡 凯)

中国商业出版社出版发行
(www.zgsycb.com 100053 北京广安门内报国寺 1 号)
总编室:010－63180647 编辑室:010－83114579
发行部:010－83120835/8286
新华书店经销
涿州市旭峰德源印刷有限公司印刷
*
787 毫米×1092 毫米 16 开 13 印张 260 千字
2023 年 9 月第 1 版 2023 年 9 月第 1 次印刷
定价:58.00 元
* * * *
(如有印装质量问题可更换)

前　言

　　为了贯彻落实乡村振兴战略，在 2018 年 4 月召开的广东省乡村振兴工作会议上，广东省委倡导部署了乡村惠民项目——"粤菜师傅"工程，把实施"粤菜师傅"工程作为推进乡村振兴战略的一项重要举措。客家菜是粤菜菜系的重要组成部分，河源是客家菜主要发源地，河源市委响应省委号召，部署了"客家菜师傅"工程。2018 年 10 月，河源职业技术学院积极响应省、市号召，以本校烹饪工艺与营养专业为基础，整合相关资源，成立了客家菜师傅培训学院。自学院成立以来，除完成全日制高职烹饪工艺与营养专业的人才培养外，还承担了大量的社会人员客家菜点培训、客家菜点研发、客家饮食文化弘扬等工作。为了给客家菜点的教学和社会培训提供标准化的操作规范，我们利用广东省第一批高职院校高水平专业群(旅游管理专业群)建设项目支持的经费撰写出版了本书。本书既可以作为职业院校烹饪专业和粤菜师傅职业技能培训的教材，也可以作为广大美食爱好者学习客家菜点制作的菜谱，对培养烹饪人才、弘扬客家饮食文化、助力乡村振兴具有重要意义。

　　具体来说，本书具有以下突出特点：

　　1. 继承传统，勇于创新。本书汲取了传统客家菜点的精髓，在食材选择、制作流程、菜品质量等方面继承了客家菜点的传统。另外，本书作者与河源市烹饪协会合作，创新研发了部分菜点，以满足人们求新、猎奇的心理和审美观念等多方面的需求。

　　2. 挖掘内涵，弘扬文化。客家饮食文化中反映出浓厚的传统观念和人文内涵，客家饮食习俗中有好客、敬老、追求吉祥等文化传统，菜肴人文内涵丰富，如酿豆腐源于北方人吃饺子的习俗。本书的第一章全面介绍了客家饮食文化，另在书中的"见多食广"栏目中，对食材的来源、菜肴典故进行介绍。读者在了解菜点制作技术的同时，又加深了对客家饮食文化的认识。

　　3. 立体直观，方便学习。本书具有富媒体、活页式、全彩色印刷等特点，菜点的制作配方和菜品营养数值清晰呈现，制作步骤的每个环节都配有彩色图片，还精选了 30 种客家菜点制作了微课，学员只需用手机扫一扫二维码，即可观看到完整的菜点制作过程，立体直观，为读者学习提供了极大的便利。

本书出版得到了广东省第一批高职院校高水平专业群（旅游管理专业群）建设项目的经费支持（立项编号：GSPZYQ2020142），也是 2020 年度广东省普通高校特色创新项目：乡村振兴战略背景下客家菜师傅工程机制创新与路径优化研究（项目编号：2020WTSCX252）、2021 年广东省高职教育教学改革研究与实践项目："粤菜师傅工程"背景下产教融合校企双元培养高职烹饪专业人才的研究与实践（项目编号：GDJG2021333）、2021 年广东省继续教育质量提升工程项目（项目编号：JXJYGC2021JY0553、JXJYGC2021BY0137）和 2022 年广东省继续教育质量提升工程项目（项目编号：JXJYGC2022GX021、JXJYGC2022GX217、JXJYGC2022GX382）以及 2023 年广东省高职教育教学改革研究与实践项目："1＋X"证书制度下高职烹饪专业"岗课赛证"融通研究与实践的研究成果。

本书由河源职业技术学院杨锦冰、谢剑锋、黄勇强担任主要作者，刘燕、俞彤、吴雄昌、曾惠华、杨亮以及河源理工学校梁程辉、魏美伊，龙川技工学校曾德生、刘洁彬协助资料收集与整理工作，全书由杨锦冰负责拟定大纲和全书的统稿工作。本书在写作过程中得到了河源市烹饪协会的大力支持，梅州山者文化传媒有限公司承担了照片拍摄及微课制作，在写作过程中参考了大量国内学者的文献。在此一并表示感谢！

由于作者的水平有限，本书难免存在疏漏和不当之处，敬请各位专家、读者批评指正。

编者

2023 年 6 月

目　录

第一章

客家饮食绪论

客家人属于中华汉族八大民系之一，客家文化璀璨绚烂，而其中的饮食文化更是鲜艳夺目。由于客家民系的发源及其文化本质的同一性，使得客家饮食文化在整体上是一致的，客家饮食文化较之其他菜系有其独特性。

任务1 客家饮食渊源

（一）客家

所谓客家人，也称客家民系，是一个具有显著特征的汉族民系。东晋时期，原籍中原的汉族人因战乱南迁，在客居地便成为具有"特殊身份"的外客居民群体，这群人在后来又经历过几次迁徙行动，逐步形成今天我们所见的独具风采的客家民系。学术界对客家迁徙存在着"三次说""五次说""六次说"三大看法，从2010年11月广东河源召开第23次世界客属恳亲大会以来，统一以"六次说"为代表。

第一次大迁徙：时间是公元前214年。秦王朝先是派屠睢担任主将、赵佗担任副将，领兵50万进攻岭南，但以失败告终。修通灵渠后，又派任嚣为主将、赵佗为副将再次攻打岭南，取得胜利，实现统一。秦朝平定岭南后，建立了南海郡，下辖三县：番禺、博罗、龙川，赵佗任龙川县令。赵佗担任龙川县令期间，为解决驻扎在这里的将士缝补浆洗之事，曾上书朝廷请求拨三万北方妇女，结果朝廷许其"万五"。留驻在这里的将士兵卒他们的家人成了最早的客家先民。

第二次大迁徙：是在公元317—879年间进行，造成这一次迁徙的起因是东晋时期"五胡乱华"的局面，当时因北方少数民族大举侵入中原，中原许多官吏、平民为躲避战乱而渡黄河南下。当地居民为区别自己与原户籍者，便把从中原来的新居民称为"客"。从此在中华民族历史上，首次有了"客"字的记载。

第三次大迁徙：是在公元880—1126年间。在这期间，经历了黄巢领导下的农民起义和"五代十国"时期后，堪称天下大乱，客家先民由以前皖赣等居住地分别迁到广东北部、福建西北及江西南部。

第四次大迁徙：是在公元1127—1644年间。受金元先后侵略的影响，此次宋高宗南迁过程中，许多客家先民都参加了捍卫宋室、反抗金元的勤王战争。宋朝覆亡之后，不得不避退到边远的广东东北一带。

第五次大迁徙：是在公元1645—1843年间。此次迁徙并非像前三次受战争因素影响，而是康熙皇帝为了安抚南方民心实行的一项措施：按人头，赏给每个男子8两银子、妇女儿童4两银子，以此作为客家人迁入四川、广西及台湾的奖励。这次大规模的迁徙，在客家移民史上被称作"西进运动"。

第六次大迁徙:发生于 1866 年之后,时值太平天国起义末期,起义的首领洪秀全是客家人,太平天国起义最终失败,在清政府施加的重压之下,不少客家人不得不避居偏僻的南方,有的甚至移居东南亚和其他海外地区。

经过不断发展,如今全世界的客家人有约 4 500 万人,据统计,我国共有 17 个省、185 个市县有客家人聚居,其中占 95% 以上的纯客家县有 50 个,客家人最为密集的地区是赣南、闽西和粤东北部。其中广东的客家人口有 2 000 多万人,约占全省总人口数的 30%,包括梅县、兴宁、大埔、五华、蕉岭、平远、连平、和平、龙川、紫金、新丰、始兴、仁化、翁源、英德等 15 个纯客家县。

(二)客家饮食渊源

客家饮食文化可以说是跟随着客家文化或客家民系的发展而逐步形成的,其成因主要包括以下几个方面。

1.客家饮食文化有很大部分是继承了中原饮食文化

客家先民从中原来到南方扎根后,其饮食文化在许多方面都秉承了中原遗风。如:客家人常将"夏事"二字挂在嘴边。所谓"夏事",就是规矩、礼数的意思。夏是我国历史上的第一个王朝。像今天客家地区盛行的"擂茶""鱼生"和"酒娘"其实是最能体现中原遗风的,堪称食品中的"出土文物"。博白客家人现在吃的"梭饵"(也叫"浮水拐"),在先秦时就叫"饵",以米粉蒸制而成。东汉末年刘熙的《释名·释饮食》曰:"饵,而也,相粘也。"该书还讲到捞水饭,在汉代之前就已存在了,现在客家人如博白陆川客家人天天在吃这种爽口的捞饭。以上这些习俗都证实了客家饮食文化对"夏事"的传承和发扬。

2.客家饮食文化形成的另一个主要原因是其独特的自然地理环境

从有关历史文献看,中国南稻北粟的主食差异早在人类活动早期的新石器时期就已存在,造成这一差异的原因就是受地理环境的影响。客家人从原来的北方平原迁徙到南方,其自然地理环境差异很大,南方山丘众多、雨水充沛、气候湿润,自然环境的差异造成了当地居民的生活、生产方式发生很大变化,粮食作物由以前主要种植小麦转变为主要以稻米、番薯、木薯和芋头等为主,自然而然其饮食文化也随之发生变化。

3.客家饮食文化的形成还受迁入地饮食文化的影响

就人类文化发展的历程而言,文化融合就是不同民族或者民系文化间互相影响和渗透。一方面,将北方先进的生产技能与生活方式引入迁入地区,使得该地许多无人区得以开发与利用,打破了过去"人烟稀少,林菁深密,野兽横行,瘴疠流行"的局面;另一方面,客家先民们与畲、瑶等民族相互交错杂居,在以自己的优势文化对他们带来改变影响的同时,土著居民必然会用其本土文化来应对、转化这一外来文化,双方就在这一次又一次交织、碰撞之中相互交融,并最终孕育了独特的客家饮食文化。

任务2 客家饮食特点

客家菜系的形成与客家地区独特的地理位置、饮食风俗、历史文化等因素有关，因此客家菜又称东江菜，从地域分为两个流派：一个是东江流派；一个是兴梅流派。客家菜起源于中原，客家人由中原地区迁徙到岭南地区后，根据当地气候、地理环境、物产条件等因素，形成了独具特色的客家菜。

（一）口味咸香

客家菜偏重于"咸、肥、熟、香"，具有咸香适口的特点。岭南客家人独特的饮食习惯，是在历史的迁徙及变化过程中逐渐形成的，客家人独特口味的形成，一是由于岭南客家人多生活于山区丘陵地带，大多靠耕田为生，体力耗费较多，因此肥腻的菜肴能有效地充饥；二是当时客家人因山林丘陵多耕地少导致粮食不足，一天中主食以白粥为主，因此菜肴味道重咸，既适合吃粥，又能增加体内盐分，民间有"食在客家，咸是一绝"的说法；三是客家山区丘陵地区柴草较多，烹制菜肴多使用土灶柴火，所以客家菜肴熟香软糯，这也成了外界对客家菜的普遍印象。

（二）用料博杂

用料博杂之"杂"在客家菜中主要体现为以下两个方面：一方面是果蔬、野菜多，这与客家人居住的地理环境和气候有关系，岭南客家人的聚集之多为南方典型山区，俗话说："靠山吃山"，山中丰富的山珍、蔬果、禽畜等原料是客家菜肴原料的主要组成部分。客家菜主料突出的是其一大特点，菜肴中常出现猪肉、鸡肉、牛肉、鸭、鹅、鱼、河虾。如客家菜里的客家盐焗鸡、红焖肉、三杯鸭、猪肉捶丸、客家娘酒鸡、梅菜扣肉等菜肴都是肉料突出。另一方面客家人喜食动物内脏，尤以鸡杂、猪杂、牛杂受客家人的喜爱，以"杂"为特色的菜肴也比较多，如猪杂枸杞汤、紫金八刀汤、水绿菜炒大肠等。客家人的日常饮食中也常食用腌菜酱菜，如菜干、咸菜、酸豆角、水绿菜、梅菜干、萝卜干、菜脯等。这类小菜还经常被餐饮企业作为餐前小吃或者下饭小菜使用，有的还被用于与其他原料搭配，烹饪出别具特色的客家菜肴。

（三）刀工粗犷

客家菜肴轻摆盘装饰，其造型古朴，乡土风貌鲜明，刀工成形以整形、块、件、片为主，比如客家菜中的红焖肉、萝卜焖牛腩、客家酿豆腐、煎酿三宝、五香圆蹄、猪肉捶丸、客家盐焗鸡、梅菜扣肉等菜肴均体现了这一特点。客家菜中的原料处理刀工质朴粗犷，讲究粗刀大块，客家菜的刀工处理除了块、整形所占的比例较大之外，还有其他的刀工规格，如球、丸、件、片、段、条、丝、卷、丁。由此可见，客家菜传统刀工特点除粗刀大块之外，近年还受其他菜系尤其是粤菜刀工成形的影响，这也侧面体现了客家菜人口迁移流动与社会经济发展背景下的用料、制法、刀法不断创新整合，满足顾客饮食需求。

（四）技法巧妙

由于客家人中大多数人能够适应温性和清淡的食物，所以在食物烹制上多采用焖、蒸、煲、煮的烹调方法，不喜烤、卤的菜肴。这些烹调方法做出来的菜肴既保留菜肴的原味，又给人舒适的口感。从营养角度看，客家菜采用的焖、蒸、煲、煮等烹调方法，能最大限度地保留烹饪原料的营养素。客家人做菜也叫煮菜，因此在客家人的日常饮食中"煮"是最常用的烹调方法。煮的菜品具有烫菜合一、滋味醇厚、营养丰富等特点。煮的烹调方法避免了食物中的油脂因长时间烧烤而产生致癌物，因此客家人做菜时"煮"的烹调法是一种健康的饮食方式。

任务3 客家饮食习俗

饮食习俗，是指人们在饮食方面由于特定的历史人文和自然环境之间相互作用形成的约定俗成的风俗习惯。客家饮食习俗不只表现于日常的饮食生活中，更突出地表现在逢年过节、婚丧喜庆、神明祭祀等重大民俗活动里。客家饮食习俗基本特点如下。

（一）趋吉避害的饮食心理

客家人喜欢通过菜肴的命名、颜色、样式、故事等来寄托人们对美好生活的憧憬和向往，比如，客家人把"钵粄（bǎn）"称为"发糕"，"瘦肉、猪肝、猪粉肠"称为"三及第"，猪血叫猪红，猪舌头为猪脷等，这些都充分反映了客家人喜欢从食物名称的语言中表现出的求吉、求富心理，力求摒弃"血光之灾""蚀本买卖"，而祈求红红顺顺。

又如，每当春节来临，家家户户都要置办各种食品，其中少不了蒸年糕和摆放橘子、橘饼等。其寓意是："年糕年糕年年高"，预示着来年进步，而橘子或橘饼与"吉"谐音，吃橘子就意味着吉祥。客家地区在春节的正月初一吃素，客家话发音是"食斋（灾）"，寓意消灾平安。家家户户必定要吃芹菜、蒜等食物，以示家人"勤奋"，会"计算"过日子，尤其是学龄孩童要多吃些，期盼他们学习勤快、精通算数。

再如，客家人祝寿时一般都喜欢用面条或者线面来表示长寿。结婚时，洞房里摆放有红枣、花生、桂圆，寓意"早生贵子"。有的则在婚床上放四个柚子，以示"有子"。举办宴会时，最后一道菜通常是鱼，由于"鱼"与"余"同音，表示丰盛"有余"。亲友要出门远行，不管是设宴或者送礼，福建永定人必定要有母鸭，因为母鸭善于游水，躲避风险，寓意"一路平安"。而江西兴国人则必须给远行的亲人吃一碗"鱼丝"，表示"相思"之意。

诸多客家菜原料中最"吉利"的要数鸡了，所谓"无鸡不成宴"。客家人不论家庭贫富，逢年过节，大小宴席，鸡总是餐桌上不可缺少的菜肴。鸡象征凤凰，凤凰为百鸟之王、祥瑞之鸟，客家人把凤冠、彩羽、金尾的鸡视为心目中的"凤凰"，所以客家地区有一道名菜"龙凤汤"，其中的"凤"就是鸡，足见鸡在客家人心目中的重要地位。在客家地区的饮食中我们会发现，以鸡为主题的饮食文化十分突出：祭拜神明祖先时，鸡为三牲（鸡、猪、鱼）之首；亲戚乡民间馈赠物品时，鸡也是作为最尊贵的礼品；家里留客吃饭时，将鸡肶（鸡腿）夹给客人是对客人的最大尊重。随着饮食文化的不断融合发展，客家鸡的吃法也日渐丰富多样，盐焗鸡、白切鸡、姜酒鸡、炖鸡、炒鸡、葱油鸡、五指毛桃鸡、猪肚煲鸡等美味佳肴应运而生。

客家饮食中的求吉心理除体现在各类食物名称上外，也倾向于用某些谐音数字表达。如在结婚礼品数目中常含有九、十九、二十九等含九的数字，旨在传达"长长久久"的祝福之意，有时也用偶数，特别是给新人的红包数目，以祝愿举案齐眉、成双成对。客家人宴席菜肴中经常会上"八大碗""十样锦"，喜庆宴席的菜谱也常采用一至十的数字或数字谐音编制而成，如一品海参、双料鱼圆、三冬烩盘、四喜甜姜、乌骨炖鸡、溜醋鲤鱼、麒麟脱胎、八宝米饭、韭菜腐干、十样大景。客家饮酒猜拳常用的行酒令有"一品当朝、双生贵子、三元及第、四季发财、五子登科、禄位高升、七星伴月、八仙庆寿、九九长寿、全家福禄"，反映了客家人祈盼科举、入仕、升官、发财、添丁、富贵、长寿等传统的价值观念。

（二）人文关怀的饮食精神

客家人喜欢多人聚集在一起共享美食，有时是宴会聚餐，有时则不然。客家人添了男丁，每年正月村里会集中举办"新丁酒"。但凡上年添了新丁的人家，每户必须携带烹制好的猪头、五牲（鸡、鸭、鹅、猪、鱼）、娘酒等较丰盛的供品以及各种荤素菜，同时村集体会杀一头大猪，一齐到祖公王坛祭祀。祭后将未全熟的食品煮熟在祖公王坛前开席，添丁的人家分别手持酒壶到人们面前敬酒，大家则手捧酒杯，回以"添灯发财"，相互祝贺，开怀畅饮。

客家饮食中的人文关怀，也反映了崇本报先的精神。传统客家宴席通常使用八仙桌，吃饭时座次按照辈分排序：面向大门的座位安排给老人，以表尊重，成年人次之，坐于两侧。小孩只能坐在老人对面的后座。若就餐人数过多，则分桌就座：男宾坐一桌饮酒作乐，女眷则坐另一桌，边吃饭边拉家常。客家用餐礼规繁多，吃鸡要以鸡头敬老，席间小辈要给长辈敬菜敬酒；小孩要帮老人盛饭，接碗、递饭时必须用双手，以示恭敬；老人长辈讲话时，小孩则在一旁恭听，不可以随便插嘴和喧哗。

（三）注重和合的烹调原则

客家传统的饮食习俗注重季节性，讲究食物之间的搭配。客家人善于辨识各种不同食物的特性，哪些属温，哪些属凉，哪些属热，通过食物搭配的原则，有的食物间特性是相辅相成的，有的则相反，具体体现为以下两点。

第一是饮食注重"时间性"。"崇尚自然、顺乎天时"，农耕的社会属性造就了客家人的这种饮食思维。春季有"韭菜炒河虾"，由于清明前后的河虾最为鲜甜肥美，所以清明食用河虾成为客家的一个传统。河虾性温味甘，高蛋白低脂肪且富含多种维生素，具有良好的心血管保健和治疗效果，同时也具有降低胆固醇的作用。夏季家家户户会制作"酿苦瓜"，苦瓜具有清凉祛暑的功效，客家又喜欢酿东西，因此"酿苦瓜"是客家地区端午节的应节食品。秋季客家人普遍吃子鸭，子姜炒子鸭为粤东梅州客家人秋季应节佳肴。冬天则会吃鸡酒、煲羊肉等暖身食物来进补身体。客家小吃也表现出季节性的特点，比如过年时做甜粄（年糕）、清明节时做艾粄、端午节时包粽子等。

第二是注重食物的食疗特性。客家菜讲究食物间的搭配，客家人在烹调菜肴时尤其重视食物性质的一致性。如莲子鸭汤，是用莲子搭配鸭子蒸煮而成，这两种食物均属凉性，且清蒸也可避免炒、炸产生的热感；客家人饮食注重食物的特性也体现在"食补"的习惯中。客家民间流传着一句俗语："冬至羊，夏至狗。"每逢夏至，客家人爱买狗肉回去补身；冬至这天，家家户户要去市场买些羊肉回去煮酒来"补冬"。客家女性在产后坐月子期间，一天三餐中最常吃的就是"鸡酒"，所用的材料为生姜、鲜鸡、娘酒、鸡蛋等，生姜性温而有驱寒作用，月子里的妇女吃了不但有助于驱寒和恢复体力，而且还可以促进产奶。

（四）丰俭并存的饮食习惯

客家人在日常饮食上普遍比较节俭，有些地方一日三餐吃干饭，有的则是早晚食粥，中午干饭，杂粮多为番薯、芋头。客家的家常菜以咸菜、菜干和萝卜干为主，配以自家种植的时令青菜，也时常会买些豆腐、腐竹、豆豉等。荤菜以自家产的鸡、鸭蛋居多，很少买猪肉、牛肉。客家人饮食虽平日节俭，但逢年过节特别是过大年必定要吃大鱼大肉。自冬至起各家各户开始酿制糯米酒，进了腊月后，就开始在家里置办年货了：蒸年糕、打糍粑、磨豆腐、炸煎堆、杀鸡宰鸭、做腊肉等。春节期间，虽说每家每户过年家宴的菜品不尽相同，但有几道菜是客家人不可或缺的：第一道是鸡，鸡者，吉也，无鸡不成宴。客家人相信吃了鸡来年的日子便会吉祥。第二道不可或缺的菜是鱼，祈愿来年能赚更多钱过上更加富余的日子。第三道是酿豆腐，酿豆腐是客家人的第一大菜，但凡逢年过节、招待宾客都少不了这道美食。客家人勤劳淳朴、热情好客、重视团结，这些风土人情在客家人饮食习俗中均能得到反映，也是构成客家文化的基础和核心。

任务4 客家常用食材

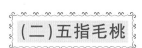

（一）梅菜

梅菜，主产于梅州和惠州，为岭南有名的传统特产，是腌制食品。乡民们把鲜梅菜经过晾晒、挑选、飘盐多道工序加工而成，颜色金黄，清香可口，有"不寒、不燥、不湿、不热"的特点，具有清热解暑、消滞健胃、降脂降压的作用。客家地区的梅菜既能独成一道菜肴，又能作为原料烹制成梅菜扣肉、梅菜蒸猪肉、梅菜蒸牛肉、梅菜蒸鲜鱼等。

图 1-1　梅菜

（二）五指毛桃

五指毛桃生长于粤东北山区深山幽谷的桑科植物，自然生长在深山幽谷中，因其叶形如五指，且叶长有细毛、果熟时形似毛桃，故名五指毛桃。其味辛、甘、温，有独特的香气，通常先挖掘后晒干，食时再用水冲洗。该食材有平肝明目，滋阴降火，健脾开胃，益气生津，祛湿化滞，清肝润肺之功效。梅州，河源一带的客家人素有采五指毛桃根用来跟鸡、猪骨等煲汤保健的传统。

图 1-2　五指毛桃

（三）猪

在全国范围内，猪有华北猪和华南猪两种主要类型。

（1）华北猪特点：体形粗长，耳大嘴长，背直脚高，体毛较多，背上鬃毛较长，繁殖能力强。

（2）华南猪特点：体形短阔丰满，皮薄嘴短，鬃

图 1-3　猪肉

毛短少，耳小四肢短，肉质细，成熟较早。华南猪主要品种有浙江金华猪、广东梅花猪、河源蓝塘土猪等。它的毛色较整齐均匀，从头部到尾部沿着背线是一条宽的黑带，向左或向右扩展到体侧的中部。体侧下半部、腹部及四肢均呈白色，全身毛色黑白相间各半，黑白相间分界点较平整，接近水平直线，分界处有黑皮白毛的灰白带，脑袋大小适中。其特点是皮薄肉嫩，鲜甜滑爽，有"土猪肉的味道"。河源客家人通常用来制作客家腊肉、梅菜肉饼、土猪汤梅菜扣肉。

（四）鸡

在我国，驯养鸡的历史已有四千多年了，家鸡是中国菜肴中最常用的烹饪原料之一。鸡的品种多，分布广，鸡肉味道鲜美，营养丰富，有味甘性微温，益气养血，补肾益精等食疗作用。粤菜饮食行业对鸡的选用非常讲究，习惯上使用以鸡项（即崽鸡，还没有生蛋，接近生蛋的母鸡）和阉鸡为主，以本地走地鸡质量最佳。本地鸡的主要特征：毛幼光滑，黄褐麻色，颈短冠小，脚细健硕，骨硬肉美。客家地区的东江盐焗鸡、客家咸鸡、茶油蒸鸡、娘酒煮鸡、客家清炖鸡等菜肴都是选用本地鸡制作。

图1-4　鸡肉

（五）鸭

我国有名的肉用鸭品种有北京鸭、瘤头鸭、番鸭、客家本地鸭等。在粤菜饮食行业中番鸭和客家本地鸭是最常用的品种。番鸭特点：身大脚短，下巴略有淡红色，鸭脚淡黄色，翼大嘴黑。鸭肉所含的营养成分与鸡肉相仿，其富含优质蛋白质，脂肪含量适中，多为不饱和脂肪酸，具有降低胆固醇、防治心脑血管疾病等功效。在粤菜中喜用鸭肉作为烹饪原料制作菜肴，有烧鸭、陈皮鸭、豉油焖鸭、啤酒鸭、八宝鸭等经典菜肴。

图1-5　鸭

（六）艾草

艾草为菊科蒿属植物，又名香艾、艾蒿、艾叶，多年生草或稍呈半灌木状，香气浓郁，主根明显，直径达1.5cm，侧根系发达。艾草主要分布于亚洲东部，我国的东北、华北、华东、华南、西南以及陕西、甘肃等均有种植。艾草是客家地区常见野菜，多长于

图1-6　艾叶

路边、田野和草地，当地也多有农户种植，全草可药用，具有温经，祛湿散寒，止血消炎，平喘止咳，安胎，抗过敏之功效。历代医籍中都有"止血要药"之记载，为妇科常用药，治疗虚寒性妇科疾患尤以疗效显著。还可以治疗老年慢性支气管炎和哮喘，用艾草煮水洗澡可以预防产褥期母婴感染疾病的发生，也可以制药枕头和药背心预防老年慢性支气管炎或者哮喘和虚寒胃痛的发生。每年的四五月是艾草最新鲜的时节，客家人会摘下新鲜艾草做成艾粄和艾叶煎蛋。

（七）螺

岭南客家地区的螺主要有三个品种。一种是石螺，其壳体坚硬，呈深绿色、黑色或淡黄色，体稍长为椭圆形，体形小于田螺，多附着于溪中其他硬物之上，再加上壳较硬，故名石螺。另一种是田螺，产自池塘及水田，体形大于石螺，肉质较厚，略有泥腥味，故需将鲜捞上来的田螺放水中静养一段时间以除去泥腥味。还有一种是山坑螺，体长较短，个头如小手指大小，呈圆锥形。山坑螺仅能在水清澈见底，无污染的山间流动溪水中生长，不带泥腥味、螺肉滑嫩、鲜美，是螺中上品。每年中秋节，客家人常用螺做紫苏炒螺、粉尘炒螺、酿田螺煲、田螺鸡煲等菜肴。

图 1-7-1 田螺　　　　　图 1-7-2 石螺　　　　　图 1-7-3 山坑螺

（八）糯米

糯米即糯稻经脱壳后的米，我国南方称糯米，北方多指江米。糯米呈乳白色，不透明，黏性大，具特殊米香味。糯米含有较多的支链淀粉，不易消化，老人、儿童、患者等肠胃消化不好者不宜食用。由于糯米具有黏性大、易糊化、膨胀率高、易造型等特点，因而成为客家地区小吃的重要原料之一。糯米的用途很多，可用于做粽子、酿客家黄酒，糯米粉可以制作客家点心小吃，如萝卜粄、客家算盘子、客家糯米糍。

图 1-8　糯米

（九）娘酒

糯米酒是我国传统的粮食发酵饮品之一，具有悠久历史。娘酒是我国南方客家地区糯米酿制的一种米酒。客家娘酒以糯米为主料，采用天然微生物纯酒曲经发酵而成，无须添加酒精及任何食品添加剂而成,为客家人宴客时经常饮用的酒水。客家娘酒醇厚香甜,酒精含量低,能促进人体血液循环,益气养血,美容养颜,滋补身体,具有独特的客家风味和保健功能。客家人常用娘酒做娘酒煮鸡、娘酒煮河虾等菜肴。

图 1-9　娘酒

(十)河源米粉

　　河源米粉是由万绿湖天然净水(地表饮用水国家一类标准)及精选优质大米经过浸泡、蒸煮、压条而成的条状、丝状米制品。河源米粉有着悠久的历史,它具有造型优美、口感滑爽、不易断条、滋味香醇、营养保健的特点,可炒制、蒸制和煮制,河源猪脚粉更是远近闻名的一道特色美食。

图 1-10　河源米粉

(十一)豆腐

　　豆腐是人们最为普遍食用的豆制品,它含有大量的营养:优质蛋白质、碳水化合物、铁和钙。客家地区传统东江酿豆腐所使用的材料豆腐属车田豆腐最佳。车田豆腐产自河源龙川县车田镇,其用东江中上游山泉水及本地黄豆辅以传统工艺加工而成,有石膏豆腐、盐卤豆腐。车田豆腐别具一格,豆香味美、鲜嫩滑爽,为客家酿豆腐之上品。

图 1-11　豆腐

(十二)酸菜

　　酸菜是客家菜肴中最常用的原材料之一。客家酸菜是将芥菜经过日晒略有萎凋后,用开水稍烫捞起放在瓦缸中用石头压紧腌制,腌至菜绿色消失时即可,腌制时间越长,酸味就越重,酸爽脆口,令人食欲大增。河源地区常用的水绿菜就是芥菜腌制变成酸菜前的阶段。酸菜在客家菜中可作餐前小吃，也可以作为配菜。客家地区常见菜肴有水绿菜炒大肠、酸菜炒肚尖、客家酸菜鱼等。

图 1-12 酸菜

（十三）粉尘

在客家地区，有些地方称薄荷为粉尘。薄荷，其叶片长圆状披针形、披针形、椭圆形或卵状披针形，中国各地均有分布。粉尘带有一种天然的香气，是中药常用的药材之一，具有祛风散热、消火解暑、清咽利喉、促进食欲等功效，很多客家地区的人都会把其作为配菜来吃，还可以和田螺一起炒制，口感绝佳。常见菜肴有粉尘焖鸭和粉尘炒田螺。

图 1-13 粉尘

（十四）苦笋

竹笋中的一种，又名干笋、凉笋，因清香微苦而得名，主产于中国长江流域和南方，喜生在崇山峻岭中，所以苦笋为客家地区南方常见的原料之一。每年的春末夏初是岭南客家人采摘、食用苦笋的最佳季节。苦笋质地脆嫩，清香微苦，甘甜回味，富含膳食纤维素，可促进肠道蠕动，减少脂肪

图 1-14 苦笋

等在体内停留的时间，因此苦笋具有减肥、预防便秘及防治结肠癌等功效，深得客家人青睐，苦笋可用于炒、焖、煲、凉拌等菜肴，其中苦笋煲最为人熟悉。

（十五）万绿湖鱼干

万绿湖鱼干，广东河源市万绿湖特产。万绿湖鱼干是利用天然生长于万绿湖水库淡水鱼

火烤制作而成。鱼干已经去掉内脏，味美清香，营养丰富，含有大量人体需要的蛋白质和维生素。万绿湖鱼干可以做成炸鱼干、清蒸鱼干等菜肴。

图 1-15　万绿湖鱼干

(十六)石娟鱼

石娟鱼，学名叫刺鲃，又名青棍，军鱼，砖鱼。石娟鱼的体形类似鲩鱼，体略圆筒形，嘴圆钝，后部侧扁，肉质鲜美，鱼鳞可食用，主要分布在我国长江以南各大水系，对水质要求极高，一般生活在水库、山涧溪流中。河源万绿湖是广东省内最大的人工湖，水质好，非常适合石娟鱼生长。清蒸石娟鱼是客家地区的一道美食。

图 1-16　石娟鱼

任务5 客家菜烹调技法

(一)蒸

将搭配好的原料放在碟子上,放入蒸柜或蒸笼里面,用不同的火力把原料加热至成熟的一种烹调方法。蒸法做出的菜肴特点是肉质嫩滑、原汁原味。菜肴由蒸汽直接加热至熟,因此蒸汽的大小决定蒸制的火力。猛火适宜蒸制水产品,中火适宜蒸制禽类、畜类原料,慢火适宜蒸制蛋类。

根据菜肴摆盘的特点,蒸法可以分为平蒸法、裹蒸法、扣蒸法和排蒸法。平蒸法是指把原料平铺在盘子上蒸熟的方法,如梅菜蒸肉饼、冬菇蒸鸡等;裹蒸法是指用具有香味的叶子(荷叶、竹叶等)包裹原料蒸熟的方法,如荷叶蒸甲鱼、荷香蒸鸡等;扣蒸法是指把原料整齐摆砌在扣碗里蒸熟,然后倒扣在盘子上,再用原汁勾芡淋在菜肴上的方法,如梅菜扣肉、莲子扣肉等;排蒸法是指把两种或两种以上的原料间隔排放在盘子上蒸熟的方法,如麒麟蒸鱼等。

(二)炒

把加工好的丁、丝、片等原料,放在有底油的炒锅里面,加入调味料,用中火或猛火把原料快速加热至成熟的一种烹调方法。炒法做出的菜肴特点是鲜、滑、嫩、爽,选用的原料一般切成细丝、薄片等,所以制作菜肴要求快捷,讲究锅气。

根据原料性质及火候处理的方法,炒法可以分为拉油炒法、生炒法、熟炒法和软炒法。拉油炒法是指将腌制的肉料放入温度较低的油里面加热至断生,再和经过初步熟处理的配菜一起炒熟成菜的方法,如茶树菇炒牛肉、豆芽炒鸡丝等;生炒法是指把原料直接放入炒锅内,经调味炒熟成菜的方法,如豆角炒肉松、生炒菜心等;熟炒法是指具有一定风味的或经过处理至熟的原料,与配菜一起炒熟成菜的方法,如芹蒜炒腊肉、酸菜炒大肠等;软炒法是指用鸡蛋或牛奶作为主要的原料,配一些不带骨的原料混合在一起炒熟的方法,如滑蛋牛肉、虾仁炒牛奶等。

(三)煎

把加工好的原料,直接或裹上粉浆,放在有底油的炒锅里面,运用小火把原料加热至成熟的一种烹调方法。煎法做出的菜肴特点是色泽金黄、外焦里嫩、香味浓郁,因此在制作菜肴上讲究热锅冷油,可防止原料黏锅,同时在煎制时要用小火,掌握好菜肴的色泽和熟度。

根据原料煎制前的加工处理不同，煎法可以分为干煎法、蛋煎法、煎焖法（又叫煎酿法）和煎焗法。干煎法是指把原料直接放在炒锅里面煎熟成菜的方法，如干煎豆腐、干煎鱼饼等。蛋煎法是指把蛋液或配以配菜混合后放在炒锅里面煎熟成菜的方法，如艾叶煎蛋饼、萝卜干煎蛋饼等。煎焖法（煎酿法）是指把原料煎上色后，加入汤水、调味料略焖成菜的方法，如煎焖鲩鱼、煎酿豆腐等。煎焗法是指原料煎上色后，加少量的汤水或洒酒在热锅里面，用其产生的热气把原料焗熟成菜的方法，如煎焗鱼头等。

（四）炸

把加工好的原料，直接投入或裹上粉浆，放入高温的热油里，把原料加热至成熟的一种烹调方法。炸法做出的菜肴特点是外酥里嫩、色泽大红或金黄，因此菜肴在制作上要选择恰当的油温，同时也要控制好火候，才能保证菜肴的色泽和酥香感。

根据原料在炸之前上粉、上浆等制作工艺的不同，炸法分为酥炸法、吉列炸法、脆炸法、脆皮炸法和生炸法。酥炸法就是将加工好的原料挂上一层酥炸粉后炸熟成菜的方法，如酸甜排骨等；吉列炸法指把加工好的原料挂上一层面包糠后再炸熟成菜的方法，如吉列虾球等；脆炸法是指把加工好的原料挂上一层脆浆后再炸熟成菜的方法，如脆皮鱼条、脆炸生蚝等；脆皮炸法是指把加工好的原料挂上一层脆皮糖水后再炸熟成菜的方法，如脆皮鸡、脆皮乳鸽等；生炸法是指把腌制好的原料直接放在油锅里面炸熟成菜的方法，如生炸鸡翅、生炸乳鸽等。

（五）炖

一般指的是炖汤，把原料和水放在汤盅里面，加入调味料，盖上盅盖或保鲜膜，放入蒸柜，用猛火把原料加热至成熟的一种烹调方法。炖法做出的菜肴特点是汤水味香浓醇，保持原料的原汁原味。首先，在炖之前，不同的原料要采用不同的方法去除异味；其次，在炖制的过程中不能熄火，以免香味流失；最后，炖品炖好后应及时撇去浮油，保证汤品润而不腻的口感。

（六）煲

把原料和水放在汤煲里面，盖上煲盖，用中慢火长时间加热，把原料加热至成熟后再调味的一种烹调方法。煲法的菜肴特点是汤水味鲜浓醇，肉料软烂。首先，在煲之前对于不同的原料要采用不同的方法去除异味；其次，煲汤时宜用中慢火，并且要加盖，中途不能加水和熄火；最后，煲的时间要足，煲好后才进行调味。

按季节可分为清煲、浓煲等。清煲是指由清淡的肉料和配料煲制，适用于春夏季节，如冬瓜煲老鸭、西洋菜煲生鱼等。浓煲是指由滋补性比较好的肉料和配料煲制，适用于秋冬季节，如花胶煲老鸡、当归煲羊肉等。

（七）焗

把加工好的原料腌制之后，放在热盐、砂锅、烤炉或炒锅里面加热，利用特殊热气致使原料成熟的一种烹调方法。焗法做出的菜肴特点是原汁原味、芳香味醇。因此，在焗制前原料要先腌制入味，焗制过程中尽量吸收调料的特殊香气，保证菜肴的芳香味醇。

根据焗制方式的不同，焗法分为锅焗法、盐焗法、炉焗法和砂锅焗法。锅焗法是指把腌制好的原料经过初步熟处理后，放入炒锅里面，加入调味料焗熟成菜的方法，如姜葱焗鸡等；盐焗法是指把腌制好的原料包裹好，放在热盐里面焗熟成菜的方法，如盐焗鸡、盐焗凤爪等；炉焗法是指把腌制好的原料，放在烤炉里面焗熟成菜的方法，如蜜汁叉烧等；砂锅焗是指把腌制好的原料，放砂锅里面，加入调味料焗熟成菜的方法，如砂锅焗乳鸽、砂锅鱼头等。

将加工好的原料经过煸炒、拉油或炸上色后，放在炒锅里面，加入适量汤水和调味料，用中慢火把原料加热至成熟。焖法做出的菜肴特点是肉质软滑、味道浓醇。在焖制的时候都要加入适量的汤水和调味料，利用中慢火加热，让味料慢慢渗入原料里面去，以突出焖类菜肴香浓的特点。

根据焖制前肉料处理方式的不同，焖分为生焖法、熟焖法和炸焖法。生焖法是指把原料经过煸炒或爆炒后，再加入汤水、调味料焖熟成菜的方法，如红焖羊肉等；熟焖法是指把已经熟处理好的原料，加入汤水、调味料焖熟成菜的方法，如萝卜焖牛腩、花生焖猪脚等；炸焖法是指把原料上粉、上浆或直接放入油锅里面炸至上色，再加入汤水、调味料焖熟成菜的方法，如三杯鸭、豆腐煲等。

把加工好的原料放在炒锅、砂锅或汤煲里面，加入适量汤水和调味料，用中慢火把原料加热至成熟的一种烹调方法。煮法做出的菜肴特点是原料鲜嫩、汤鲜味浓。在制作上仅以熟为好，掌握好原料与汤水的比例。煮时宜用中慢火，保证汤色明亮。

(十)滚

一般指的是滚汤，是指把原料放在炒锅里面经过煎上色后，投放在水里或者直接投放在水里面，经过调味，利用水作为介质把原料加热至成熟而成菜的一种烹调方法。滚法做出的菜肴特点是汤色清澈或浓白，肉质味鲜嫩滑，因此在制作上要控制好火候，避免原料加热时间过长。

根据原料不同，滚法分为清滚法和煎滚法。清滚法是指把原料直接放入水里面滚熟成菜的方法，如枸杞猪杂汤、咸蛋芥菜汤等；煎滚法是指把原料煎上色后，再放入水里滚至汤水浓白成菜的方法，一般适用于鱼类原料，如鲫鱼豆腐汤、鱼头豆腐汤等。

任务6 客家菜点继承与创新开发

客家饮食源远流长，作为粤菜三大风味菜系之一，盐焗鸡、酿豆腐、艾粄、腌面等耳熟能详的菜点名称，形成了别具一格的客家菜肴招牌，进一步丰富了中餐菜肴的文化内涵，这些菜肴不仅融入客家人的饮食生活中，也对国内外客家聚集地区饮食产生了深远的影响。近年来，客家饮食深受世界经济一体化影响，与全国乃至世界各地饮食交流日益频繁，一方面逐步开拓市场，将传统客家菜肴、点心小吃推广到其他区域，扩大消费群体，同时进一步打开菜系知名度；另一方面在继承传统菜肴制作工艺的基础上，融合其他菜系文化特色，对菜肴加以创新，形成符合高端定位、具有时尚气息、适合年轻口味、更富营养价值的新潮客家菜。传统的客家菜经过长时间的发展沉淀而根系牢固，注入山泉水磨成的豆腐中间挖一小孔，填入肉馅煎至两面金黄，再煨入汤汁，成品咸香滑嫩、口齿留香，这一传统的酿豆腐制作工艺，体现了客家人善于就地取材、追求融合原料、丰富菜肴口感的过程，以至客家人做菜，习惯于用酿，出现了酿三宝、酿鲮鱼、酿田螺等客家菜肴。毋庸置疑，传统的客家菜传承延续着客家先民优良的饮食传统，淳朴、厚重而实在，在客家地区深受当地人的喜爱，是客家人饮食生活中不可磨灭的印记。然而，客家人长期生活在山区，客家菜取材多来源于家禽、河鲜和果蔬，食材过于单一。菜肴追求实在，制作过于粗放而不追求精致，味重色厚，缺少高档菜品等特点，使得客家菜肴长期被贴上"平民菜""难登大雅之堂"的标签。加之客家地区地广人稀，餐饮氛围不浓厚，对烹饪人才培养不重视等，造成现今客家菜的发展势头明显弱于粤菜其他两个地方菜系。因此，为了更好地传承和发展客家菜肴，必须对客家菜肴进行创新开发，只有通过菜肴创新，才能在传统菜肴的基础上进一步汲取养分不断发展壮大，直至枝繁叶茂。在继承传统的基础上，通过丰富当地食材，借鉴吸收其他菜系工艺等加以创新，进一步使菜肴在色泽、口味、造型、菜肴装饰和营养上更能满足大众化的需求。

当前的餐饮业竞争，除了价格竞争外，还有传统菜肴与创新菜品、预制菜，传统工艺与新兴工艺，原有口感与创新品味的竞争。能迎合客人口味和喜好，稳定菜肴质量，才能使餐饮经营长盛不衰。在菜肴制作中，想要获得一定名气，创新是必不可少的，但是缺少了继承，菜肴便会失去了创作的灵魂，创新也成了无根之木、无梁之屋。只有懂得立足自身特色，不忘前人传统，不断尝试创新，才能最终取得成功，也能更好地延续地方菜系的辉煌。创新并不是一味地追求推陈出新，而应该更多地萃取前人精华，除去糟粕，创新才更显意义。继承和创新是水和鱼的关系，没有了继承就如同鱼脱离了水，再好的创新也会成为昙花一现，生命力注会长久；而思想固化，一味地强调继承而不加以思考创新，就如同有了水却没有鱼而呈现一片死寂，缺乏生机。一位优秀的客家厨师，要善于吸收和借鉴前人的菜肴制作经验，不断加强烹饪基本功，把传统菜肴做熟做精。除此之外，还要学会善于思考和总结经验，进一步开阔视野，掌握新技术、新设备、新工艺等，大胆尝试创新，这样才能超越前人，为客家菜肴的发展繁荣贡献一份力量。

菜点继承是对前人菜肴和点心制作经验的有效借鉴，达到保持传统菜肴点心风味特色的最终目的。科学的继承包含如下几个方面：

1.参加专业的厨技培训，掌握客家菜肴风味特点和制作要领。

2.充分挖掘客家地区特色菜肴文化内涵和典型菜肴制作工艺。

3.借鉴吸收前人菜肴制作成功经验，学习当代餐饮名店、名厨、菜肴传承人的传统技法。

4.客观评价菜肴传承，从实际出发，正确看待传承菜肴中的优势，思考其中存在的不足，以利于在此基础上进行有效的创新。

5.确立客家菜风味菜肴制作标准规范流程，确立菜肴评价体系，利于系统学习和推广传统客家菜肴。

俗语常说："烹饪之道，妙在变化，厨师之功，贵在运用。"反映了菜肴历经演变，不断推陈出新的过程，以及厨师的经验和技术在菜肴点心创新过程中发挥的重要作用。当前世界经济一体化、科技革新趋势日益增强，世界各地饮食百花齐放，竞相逐艳，作为改革开放前沿阵地的广东，各地餐饮竞争异常激烈，菜肴产品更新周期明显缩短，如一味地固守传统，不但无法守住和突显本地菜肴传统特色，反而容易在激烈的市场环境中为消费者所摒弃。而作为广东三大地方菜系之一的客家菜点，既要立足当地，又要积极对外开拓餐饮市场，在充分继承传统的同时，要勇于接受外来事物，融合各地菜肴点心制作之所长，大胆革新，针对不同年龄层消费者的喜好、不同消费定位等设计相应菜肴，进一步促进传统客家菜和新潮客家菜相融合，才能使客家菜点的发展道路越走越宽。

第二章

客家风味汤制作

任务1 紫金八刀汤

◆见多食广

河源紫金县的八刀汤，是对紫金蓝塘猪的八个部位，分别切一刀，包括猪瘦肉、前朝肉、猪肝、猪腰、猪心、粉肠、猪红、猪脷等各部位熬成的汤，在熬汤的过程中，不允许搅拌，只能慢火熬制，让猪各部位的精华慢慢渗入汤水里面去，煮好后撒上胡椒粉和葱花，汤水清澈甘甜，飘香四邻。

一、制作配方

原料	百分比（%）	数量/g		原料	百分比（%）	数量/g		原料	百分比（%）	数量/g
主料										
龙骨	100	1000		夹心肉	5	50		前朝肉	5	50
猪肝	5	50		猪腰	5	50		猪心	5	50
粉肠	5	50		猪红	5	50		猪脷	5	50
水	150	1500								
辅料										
姜片	2	20		胡椒粒	1	10		葱花	0.3	3
调料										
盐	1.2	12		味精	0.3	3		胡椒粉	0.2	2

二、制作步骤

步骤1:龙骨砍件洗干净,放入汤煲中,加入水、姜片、胡椒粒,大火煲开转小火煲45分钟制成汤底。

步骤2:分别将夹心肉、前朝肉、猪肝、猪腰、猪心、猪朥切成薄片,粉肠切段,猪血切方丁,加入盐、味精、姜片腌制30分钟。

步骤3:将腌制好的肉料放入汤煲中煮熟,加入盐、味精、胡椒粉,撒上葱花。

三、制作技巧

肉片不可切太厚,煮熟即可,过久会老。

四、菜品营养

蛋白质(g)	脂肪(g)	碳水化合物(g)	维生素 A(mg)	维生素 B1(mg)	维生素 B2(mg)
162.52	27.94	25.80	2.58	3.32	3.16

维生素 E(mg)	钙(mg)	镁(mg)	钾(mg)	钠(mg)	铁(mg)
3.16	76.89	25.50	28.30	311.40	34.02

五、风味特色

汤水清澈甘甜,香味浓郁。

六、烹技进阶

如何有效去除猪内脏异味

1.猪内脏用清水清洗干净,把表面污垢清除干净。

2.在汤水中加入姜片、胡椒粉、葱花等去除多余的异味。

任务2 客家钵仔全猪汤

◆ 见多食广

　　客家钵仔全猪汤是一道色香味俱全的客家汤菜，原料采用新鲜的土猪各个部位切成薄片加水蒸制而成，汤色清澈见底，汤味浓郁，原汁原味，此菜虽然制作简单，但是营养丰富，有润肠胃生津液、滋阴补肾、清热解毒的功效。

一、制作配方

原料	百分比（%）	数量/g	原料	百分比（%）	数量/g	原料	百分比（%）	数量/g
主料								
龙骨	50	500	夹心肉	5	50	前朝肉	5	50
猪肝	5	50	猪腰	5	50	猪心	5	50
猪红	5	50	水	150	1500			
辅料								
姜片	2	20	胡椒粒	1	10	葱花	0.3	3
调料								
盐	1.2	12	味精	0.3	3	鸡粉	0.3	3
胡椒粉	0.2	2						

二、制作步骤

步骤 1：龙骨砍件洗干净，分别将夹心肉、前朝肉、猪肝、猪腰、猪心切成薄片，猪血切方丁。

步骤 2：将以上肉料放入汤钵中，加入盐、味精和鸡粉，加入水、姜片、胡椒粒，放入蒸柜蒸 45 分钟。

步骤 3：取出，去掉保鲜膜，撇去浮油，撒上胡椒粉和葱花。

三、制作技巧

1.肉片不可切太厚。

2.蒸汤的时间要足。

四、菜品营养

蛋白质(g)	脂肪(g)	碳水化合物(g)	维生素 A(mg)	维生素 B1(mg)	维生素 B2(mg)
108.80	158.61	17.11	2.54	1.90	2.56

维生素 E(mg)	钙(mg)	镁(mg)	钾(mg)	钠(mg)	铁(mg)
2.37	53.19	25.50	28.30	280.26	28.88

五、风味特色

汤水清澈甘甜，香味浓郁。

六、烹技进阶

如何保持汤色清澈

1.煲汤原料要清洗干净，避免有杂物。

2.蒸汤火候宜用中火。

3.蒸汤出锅后，用汤勺撇去表面的浮油和白沫。

任务3　五指毛桃炖龙骨

◈ 见多食广

五指毛桃炖龙骨是一道传统的客家汤菜，岭南客家地区地处丘陵地带，山多地少，山林茂密，多产野菜野果。五指毛桃不是桃子，而是其叶子长得像人的手指，叶子有绒毛，果实成熟后像毛桃而得名。客家人自古以来，有挖采五指毛桃根部晒干后作为烹饪食材的习惯，用来煲鸡汤、骨头汤、猪脚汤等，具有祛暑化湿，清肝润肺等功效。

一、制作配方

原料	百分比(%)	数量/g	原料	百分比(%)	数量/g	原料	百分比(%)	数量/g
主料								
老鸡	100	1000	龙骨	25	250	五指毛桃	3	30
水	150	1500						
调料								
盐	1.2	12	味精	0.3	3	鸡粉	0.3	3

二、制作步骤

步骤1:老鸡掏干净内脏,洗净,砍成5cm×3cm鸡块。

步骤2:龙骨洗干净,砍成5cm×3cm骨块。

步骤3:将龙骨放入汤盅底部,铺上鸡块,再放上五指毛桃,加入盐、味精、鸡粉,加水至汤盅面八分满,封上保鲜膜,放入蒸柜炖2小时。

步骤4:取出,去掉保鲜膜,用汤匙撇去浮油即可。

三、制作技巧

1.老鸡内脏一定要掏干净,否则汤水异味较重。
2.炖制的时间要足,否则会鲜味不足。

四、菜品营养

蛋白质(g)	脂肪(g)	碳水化合物(g)	维生素 A(mg)	维生素 B1(mg)	维生素 B2(mg)
264.01	126.97	9.23	0.03	0.10	0.18

续表

维生素 E(mg)	钙(mg)	镁(mg)	钾(mg)	钠(mg)	铁(mg)
40.20	132.71	24.49	141.94	411.77	23.21

五、风味特色

汤水清澈甘甜，有淡淡椰奶香味。

六、烹技进阶

五指毛桃的品质鉴定

五指毛桃煲汤具有非常好的食疗作用，在山野挖野生的五指毛桃要注意周边是否存在断肠草等有毒植物，避免断肠草的根与五指毛桃的根缠拌在一起分辨不清，引起食物中毒。我们在购买五指毛桃的时候，野生的五指毛桃最佳，因为现在五指毛桃在餐饮市场需求量比较大，所以市面售卖的五指毛桃种植得比较多。如何购买到质量比较好的五指毛桃呢？可以从以下几个方面进行分辨。

1.看颜色，色泽棕黄，没有霉黑点的为佳。

2.挑质地，根须细小者为佳。

3.闻气味，没有硫黄味，有淡淡的椰香味者为佳。

任务4 枇杷花炖龙骨

◈见多食广

枇杷花呈小颗粒状，表面有褐色绒毛，其气微清香，味微带甘涩，具有润喉止咳的功效。客家人常把枇杷花晒干作煲汤的食材。"药食同源，食药同用"是客家菜的特色，也是客家食俗的重要理念。长期处于艰苦的山区环境中造就了客家人的勤劳朴实，善于利用山区特有的物产制作菜肴。

一、制作配方

原料	百分比(%)	数量/g	原料	百分比(%)	数量/g	原料	百分比(%)	数量/g
主料								
老鸡	100	1000	龙骨	25	250	枇杷花	3	30
水	150	1500						
调料								
盐	1.2	12	味精	0.3	3	鸡粉	0.3	3

二、制作步骤

步骤 1:老鸡掏干净内脏,洗净,砍成 5cm×3cm 鸡块。

步骤 2:龙骨洗干净,砍成 5cm×3cm 骨块。

步骤 3:将龙骨放入汤盅底部,铺上鸡块,再放上枇杷花,加入盐、味精、鸡粉,加水至汤盅面八分满,封上保鲜膜,放入蒸柜炖 2 小时。

步骤 4:取出,去掉保鲜膜,用汤匙撇去浮油即可。

三、制作技巧

1.老鸡内脏一定要掏干净,否则汤水异味较重。

2.炖制的时间要足,否则会鲜味不足。

四、菜品营养

蛋白质(g)	脂肪(g)	碳水化合物(g)	维生素 A(mg)	维生素 B1(mg)	维生素 B2(mg)
263.47	96.19	8.08	0.03	0.10	1.18

续表

维生素 E(mg)	钙(mg)	镁(mg)	钾(mg)	钠(mg)	铁(mg)
46.80	132.71	24.44	141.94	483.18	23.21

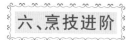

五、风味特色

汤水清澈甘甜，有枇杷花香味。

六、烹技进阶

鸡的内脏为什么要清理干净

1.内脏异物多、腥味重。

2.保证菜肴的鲜味。

3.容易使汤汁产生异味。

任务5 黑蒜龙骨汤

◈ 见多食广

　　黑蒜是用新鲜生蒜头，留皮在发酵箱里发酵70～100天后制成的食材，黑蒜中的微量元素含量较高，味道酸甜，无明显蒜味，具有抗氧化的功效。黑蒜是餐饮市场上新兴的食材，黑蒜龙骨汤是一道具有特色风味的客家养生菜肴，汤色黑亮，味道略带酸甜，受到广大消费者的喜爱。

一、制作配方

原料	百分比（%）	数量/g	原料	百分比（%）	数量/g	原料	百分比（%）	数量/g
主料								
老鸡	100	1000	龙骨	25	250	黑蒜	5	50
水	150	1500						
调料								
盐	1.2	12	味精	0.3	3	鸡粉	0.3	3

二、制作步骤

步骤 1:老鸡掏干净内脏，洗净，砍成 5cm×3cm 鸡块。

步骤 2:龙骨洗干净，砍成 5cm×3cm 骨块。

步骤 3:将龙骨放入汤盅底部，铺上鸡块，再放上黑蒜，加入盐、味精、鸡粉，加水至汤盅面八分满，封上保鲜膜，放入蒸柜炖 2 小时。

步骤 4:取出，去掉保鲜膜，用汤匙撇去浮油即可。

三、制作技巧

1.老鸡内脏一定要掏干净，否则汤水异味较重。

2.炖制的时间要足，否则会鲜味不足。

四、菜品营养

蛋白质(g)	脂肪(g)	碳水化合物(g)	维生素 A(mg)	维生素 B1(mg)	维生素 B2(mg)
265.95	101.16	9.58	0.03	3.05	1.21

维生素 E(mg)	钙(mg)	镁(mg)	钾(mg)	钠(mg)	铁(mg)
40.20	138.91	26	188.40	483.18	24.42

汤水黑亮，清澈甘甜，有浓郁黑蒜香味。

炖汤注意哪些问题

1.水温:冷水下肉,肉表面的蛋白质不会马上凝固,肉的蛋白质才可以充分地溶解到汤里,汤的味道才鲜美。

2.调味:不要过早放盐,过早放盐会使肉的蛋白质凝固,影响汤的鲜味,最好是出锅的时候调味。

3.喝汤要吃肉,因为炖汤时肉的营养成分不会全部溶解在汤水中,除了喝汤外可以适量吃点肉。

任务6 胡椒猪肚鸡汤

■见多食广

猪肚含有蛋白质、脂肪、碳水化合物、维生素及钙、磷、铁等，具有补虚损、健脾胃的功效，适于气血虚损、身体瘦弱者食用。胡椒有温中下气、和胃、止呕功效。胡椒加上猪肚和整只鸡一起煲汤，具有行气、健脾、暖胃、温补、散寒、止胃痛和排毒的功效。

一、制作配方

原料	百分比（%）	数量/g	原料	百分比（%）	数量/g	原料	百分比（%）	数量/g
主料								
光鸡	75	750	猪肚	50	500	水	150	1500
辅料								
姜片	2	20	胡椒粒	1	10	葱花	0.3	3
调料								
盐	1.2	12	味精	0.3	3	鸡粉	0.3	3
胡椒粉	0.2	2						

二、制作步骤

步骤1:将光鸡洗干净,砍成 4cm×2cm 块,猪肚洗干净切成 4cm×0.5cm 片。

步骤2:起油锅,锅内加入水烧开,分别将光鸡、猪肚飞水,将肉料放入汤盅中,加入盐、味精、鸡粉,加入水、姜片、胡椒粒,封上保鲜膜,放入蒸柜炖2小时。

步骤3:取出,去掉保鲜膜,撇去浮油,撒上胡椒粉、葱花。

三、制作技巧

1.光鸡、猪肚要飞水去异味。
2.炖汤的时间要足。

四、菜品营养

蛋白质(g)	脂肪(g)	碳水化合物(g)	维生素 A(mg)	维生素 B1(mg)	维生素 B2(mg)
235.10	53.41	5.23	0.02	0.98	1.40
维生素 E(mg)	钙(mg)	镁(mg)	钾(mg)	钠(mg)	铁(mg)
16.75	72.71	22.50	27.23	492.15	27.96

五、风味特色

汤水清澈甘甜,香味浓郁,胡椒味突出。

六、烹技进阶

如何清洗猪肚

1.用清水冲洗干净猪肚内外两面，剪切掉猪肚多余的肥油。

2.用盐、白醋、生粉放在猪肚上，两面反复揉搓，去除表面黏液，用清水冲洗干净。清洗干净的猪肚飞水后，再用清水冲洗一遍即可。

任务7 石斛老鸡汤

◈ 见多食广

石斛，又名仙斛兰韵、不死草、还魂草等。其茎直立，肉质状肥厚，呈稍扁的圆柱形，长 10~60 厘米，粗达 1.3 厘米，是药用植物，性味甘淡微咸、寒，归胃、肾、肺经，益胃生津，滋阴清热，用于阴伤津亏、口干烦渴、食少干呕、病后虚热、目暗不明。石斛鸡汤营养丰富，极具滋补功效。

一、制作配方

原料	百分比（%）	数量/g	原料	百分比（%）	数量/g	原料	百分比（%）	数量/g
主料								
老鸡	100	1000	龙骨	25	250	石斛	1.5	15
水	150	1500						
调料								
盐	1.2	12	味精	0.3	3	鸡粉	0.3	3

二、制作步骤

步骤 1:老鸡掏干净内脏,洗净,砍成 5cm×3cm 鸡块。

步骤 2:龙骨洗干净,砍成 5cm×3cm 骨块。

步骤 3:将龙骨放入汤盅底部,铺上鸡块,再放上石斛,加入盐、味精、鸡粉,加水至汤盅面八分满,封上保鲜膜,放入蒸柜炖 2 小时。

步骤 4:取出,去掉保鲜膜,用汤匙撇去浮油即可。

三、制作技巧

1.老鸡内脏要掏干净,否则汤水异味较重。
2.炖汤的时间要足,否则鲜味不足。

四、菜品营养

蛋白质(g)	脂肪(g)	碳水化合物(g)	维生素 A(mg)	维生素 B1(mg)	维生素 B2(mg)
259.59	121.96	8.66	0.03	0.18	1.175

维生素 E(mg)	钙(mg)	镁(mg)	钾(mg)	钠(mg)	铁(mg)
20.70	105.21	42.5	141.5	414.03	24.62

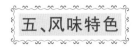

五、风味特色

汤水清澈甘甜，有淡淡草香味。

六、烹技进阶

老广的味道：老火靓汤

俗话说："宁可食无菜，不可食无汤。"体现出老广们爱喝汤的饮食习俗，老火靓汤是广东人的挚爱，广东人都会煲一锅老火靓汤，是广东人延续几千年的养生食补的汤品。广东的老火靓汤品种繁多，可以利用各种的食材和烹调方法，慢火细炖出各种不同口味和不同食补的汤品。

任务8 鲫鱼豆腐汤

◈ 见多食广

　　鲫鱼是我国最常见的淡水鱼之一，也是水系发达的南方常用食材。鲫鱼豆腐汤是家常菜肴之一，口味咸鲜，汤色乳白，营养丰富，对于产后身体恢复和通乳有很好的作用。

一、制作配方

原料	百分比(%)	数量/g		原料	百分比(%)	数量/g		原料	百分比(%)	数量/g
主料										
鲫鱼	40	400		白萝卜	15	150		豆腐	20	200
热水	150	1500								
辅料										
姜丝	1	10		葱花	0.5	5				
调料										
盐	0.6	6		味精	0.5	5		鸡粉	0.5	5
胡椒粉	0.2	2		料酒	1	10				

二、制作步骤

步骤 1：鲫鱼宰杀好洗干净，吸干表面水分，白萝卜切 6cm×0.2cm 丝，豆腐改成 3cm×3cm 方块。

步骤 2：炒锅烧热，加入少许油，放入鲫鱼慢火煎至两面呈金黄色。

步骤 3：锅内依次加入料酒、热水、姜丝、白萝卜、豆腐、大火烧至汤水浓白，加入盐、味精、鸡粉、胡椒粉调味，盛入汤锅中，撒上葱花。

三、制作技巧

1.鲫鱼一定要新鲜，否则汤水异味较重。

2.加水要加热水，否则影响汤水的浓白度。

四、菜品营养

蛋白质(g)	脂肪(g)	碳水化合物(g)	维生素 A(mg)	维生素 B1(mg)	维生素 B2(mg)
82.16	15	31.71	0.01	0.31	0.47
维生素 E(mg)	钙(mg)	镁(mg)	钾(mg)	钠(mg)	铁(mg)
10.62	40.92	24	25.97	398.3	7.67

五、风味特色

汤水浓白，鲜香甘甜。

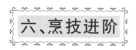
六、烹技进阶

如何使鱼汤乳白

鱼汤变白是一个蛋白质析出的过程,而鱼肉中的蛋白质是很好的乳化剂,可以使油脂均匀地分散在水中,形成乳白色的鱼汤。如何使鱼汤更白呢?

1.鱼要用热油煎至两面微黄,锅内留点底油。

2.加入烧开的白开水。

3.烧制时火候要大。

第二章

客家菜肴制作

任务1 东江盐焗鸡

◈ 见多食广

　　客家盐焗鸡是客家标志性菜肴之一。焗是客家菜中常见的烹调方法之一。炒盐是古法盐焗鸡的重要的一个环节，所用的盐必须是大粒无碘的粗盐。盐焗鸡兴起于粤东客家地区，有其特殊的社会历史背景。南宋时期，潮州海产量非常丰富，官府开辟了从潮州沿韩江至梅州、梅州到赣州的新盐道。东江客家地区盐道沿途盐馆林立，盐业的发达兴旺带动餐饮行业的发展。客家人在这样的历史背景下发明了盐焗鸡这道客家美食。

一、制作配方

原料	百分比（%）	数量/g		原料	百分比（%）	数量/g		原料	百分比（%）	数量/g
主料										
光鸡	100	1000		粗盐	500	5000		油纸	0.3	3
调料										
盐焗鸡粉	3	30		麻油	1	10		花生油	2	20

二、制作步骤

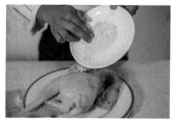

步骤1:光鸡洗干净,掏干净内脏,用干净的白毛巾擦干表面水分。

步骤2:将盐焗鸡粉20g均匀地擦在鸡腔和鸡身,擦至皮呈金黄色,将鸡脚从尾部塞入鸡腔内。

步骤3:油纸刷上油,包住光鸡,一共包3层。

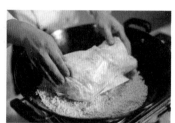
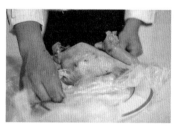

步骤4:将粗盐放入锅内炒热后盛出备用。

步骤5:封住光鸡,慢火焗至20分钟,沿锅边倒100克水,增加水蒸气让鸡均匀成熟,焗至50分钟至熟。

步骤6:取出光鸡,拆去油纸,将鸡手撕放入盘中,用盐焗鸡粉10g、麻油、花生油拌匀做佐料。

三、制作技巧

1.光鸡表面要擦干净水分,否则出水会影响色泽及味道。

2.焗鸡时要慢火均匀焗制,把握好火候,火大则会煳,火小则会出水不熟。

四、菜品营养

蛋白质(g)	脂肪(g)	碳水化合物(g)	维生素 A(mg)	维生素 B1(mg)	维生素 B2(mg)
129.24	57.58	9.74	0.37	0.01	0.54

维生素 E(mg)	钙(mg)	镁(mg)	钾(mg)	钠(mg)	铁(mg)
124.33	115.22	15.26	27.67	566	18.18

骨香肉滑，咸口味鲜。

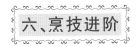

如何做好盐焗鸡

1.鸡的质量一定要好，挑选 750g 左右的光鸡，本地散养的鸡项为佳。

2.粗盐温度要高，大概 120℃，才会使鸡身受热均匀。

3.要包三张油纸，一是盐焗鸡在加热过程中，会有汁水流出，需要三层油纸；二是避免油纸跟鸡肉粘连，拆油纸的时候鸡皮破裂，影响卖相；三是避免盐温度过高时鸡皮表面焦黑。

任务2 ———— 水晶鸡

◈ 见多食广

鸡肉的蛋白质含量比较高，氨基酸种类多，且容易消化，易被人体吸收利用，有增强体力、强壮身体的作用。水晶鸡做法简单，风味独特、色泽透明、皮滑肉嫩、营养丰富、汤汁香浓，鸡味十足。客家水晶鸡加入当归和红枣，当归性温味甘具有补血活血、润燥滑肠和保护肝脏等功效。大枣性温味甘，有补脾和胃、益气补血等作用。

一、制作配方

原料	百分比(%)	数量/g	原料	百分比(%)	数量/g	原料	百分比(%)	数量/g
主料								
光鸡	125	1250	水	6	60			
辅料								
当归	0.5	5	红枣	2	20			
调料								
盐	1	10	鸡粉	1	10			

二、制作步骤

步骤1:光鸡洗干净,掏干净内脏,用干净的白毛巾擦干表面水分。

步骤2:将盐和鸡粉均匀地擦在鸡腔和鸡身上,将鸡脚从尾部塞入鸡腔内,放入汤窝中,加入当归、红枣、水,封上保鲜膜,放入蒸柜蒸45分钟。

步骤3:取出,将鸡均匀斩件摆回原形装盘,倒入原汁。

三、制作技巧

1.光鸡表面要擦干净水分,否则会影响味道。

2.蒸鸡时要控制好时间,过久斩件肉质会烂,过短则不熟。

四、菜品营养

蛋白质(g)	脂肪(g)	碳水化合物(g)	维生素 A(mg)	维生素 B1(mg)	维生素 B2(mg)
163.95	34.06	104.01	0.48	0.71	0.84
维生素 E(mg)	钙(mg)	镁(mg)	钾(mg)	钠(mg)	铁(mg)
19.51	169.85	309.7	46.52	339	19.01

五、风味特色

肉质嫩滑,汤汁鲜甜。

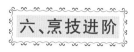

六、烹技进阶

蒸菜的注意事项

蒸菜是保持烹饪原料营养素的重要烹调方式之一，如何根据不同的食材采用不同的火候和时间显得尤其重要。

1.大火沸水快蒸，质地较嫩的食材，蒸制时间8～15分钟，如清蒸石斑鱼。

2.大火沸水慢蒸，食材形体大，质地较老，成菜要求酥烂，汤汁鲜甜。需要蒸制0.8～3小时，如梅菜扣肉、客家水晶鸡等。

3.中小火沸水慢蒸，食材质地较嫩，要求保持鲜嫩的菜肴，如水蒸蛋。

任务3 娘酒煮鸡

◈ 见多食广

　　娘酒是一种糯米酒，酿制娘酒是客家妇女的必备手艺之一，也是衡量一个妇女是否能干的标准，为了表达对妇女辛勤的尊敬，客家糯米酒也被称为娘酒。在客家地区，产妇进补必选的就是这一道客家娘酒煮鸡，具有祛寒活血、补中益气、调剂血脉、使脸色红润之功效，也是客家人在结婚或寿宴等喜庆活动中的一道重要宴客菜。

一、制作配方

原料	百分比(%)	数量/g		原料	百分比(%)	数量/g		原料	百分比(%)	数量/g
主料										
嫩光鸡	100	1000								
辅料										
姜片	100	100								
调料										
娘酒	75	750		盐	0.8	8				

二、制作步骤

步骤1：将光鸡洗干净，砍成 4cm×2cm 鸡件。

步骤2：炒锅烧热，放入少量食用油，爆香姜丝，下鸡件炒至断生。

步骤3：下娘酒，加入盐，用中火煮至鸡肉刚熟即可。

三、制作技巧

光鸡煮至刚熟即可，否则会影响口感。

四、菜品营养

蛋白质(g)	脂肪(g)	碳水化合物(g)	维生素 A(mg)	维生素 B1(mg)	维生素 B2(mg)
137.02	26.67	7.22	0.40	2.04	0.94
维生素 E(mg)	钙(mg)	镁(mg)	钾(mg)	钠(mg)	铁(mg)
11.71	85.961	376.66	31.84	288.51	17.34

五、风味特色

肉质嫩滑，酒香鲜甜。

六、烹技进阶

客家娘酒的故事

客家娘酒在客家地方也叫老酒、黄酒，客家人糯米酿酒的历史悠久。在岭南客家地区，客家人好酒好客，不仅善做米酒，喜饮米酒，而且操办的喜庆宴席的活动叫作做酒，因此客家人的一生都与酒打交道。过去，小孩出生三天要做"三朝酒"，小孩满月要做"满月酒"，老人过生日要做"祝岁酒"等。勤劳持家的客家妇女，用客家地区常见的糯米，加上酒饼，酿造出甘甜芳醇、色泽温赤、醇香爽口的客家黄酒。

任务4 东江义合鸭

◈ 见多食广

河源市东源县义合镇地处东江上游，风光秀美，人杰地灵，民风淳朴，来过义合镇苏家围的人都知道义合鸭是当地的一道名菜，其制作独特，色泽诱人，以肉质嫩滑，味道醇厚，不肥不腻的特色而闻名。食用时配上粉尘辣椒汁和酸辣汁做佐料，回味无穷。2018年由东源旅游局举办的"东源十大旅游特色美食、客家特色菜"评选大赛中，义和鸭被评"东源首届十大旅游特色美食"。

一、制作配方

原料	百分比（%）	数量/g		原料	百分比（%）	数量/g		原料	百分比（%）	数量/g
主料										
光鸭	75	750								
辅料										
姜片	1	10		蒜蓉	0.5	5		葱条	1.5	15
粉尘	1.5	15		指天椒	0.5	5				
调料										
盐	0.5	5		味精	0.3	3		生抽	2.5	25
白醋	1.5	15								

二、制作步骤

步骤 1：将光鸭掏干净内脏洗干净，放入盘中，加入姜片、葱条放入蒸柜蒸 40 分钟。

步骤 2：将粉尘、指天椒、蒜蓉剁成茸，放入盐和生抽拌匀，浇上热油，调成粉尘辣椒汁。把姜、指天椒剁成茸，放入盐和白醋拌匀，调成酸辣汁。

步骤 3：鸭熟后取出，待冷后用干净的白毛巾擦干净表面水分，在鸭身上均匀涂上生抽。

步骤 4：炒锅放入食用油，烧热至 180℃，将鸭放入热油内炸至金黄色。

步骤 5：待冷后斩件，摆成鸭状，配上粉尘辣椒汁和酸辣汁做佐料。

三、制作技巧

炸鸭时油温要控制好，过低上色难，过高色泽深。

四、菜品营养

蛋白质(g)	脂肪(g)	碳水化合物(g)	维生素 A(mg)	维生素 B1(mg)	维生素 B2(mg)
83.14	100.78	6.70	0.30	0.45	1.19

维生素 E(mg)	钙(mg)	镁(mg)	钾(mg)	钠(mg)	铁(mg)
1.63	23.25	171.96	102.12	416.15	13.81

五、风味特色

肉质嫩滑，佐料丰富。

六、烹技进阶

如何判断鸭肉的熟度

1.看鸭肉外观，熟透的鸭肉表面不会泛白。

2.用筷子插入鸭腿的关节处，如果没有血水流出，表明鸭肉已经熟了。

任务5 客家酸酒鸭

◈ 见多食广

早在南宋时期,赣南客家人就有吃"酸酒鸭"的习惯,它以其独特的酸辣口味、药用、疾病预防和保健价值等特征伴随赣南客家祖祖辈辈传承至今,被誉为赣南客家"第一菜",其制作技艺在赣南县域内传承了800多年历史,成为赣南客家民间手工技艺的"一枝独秀"。

一、制作配方

原料	百分比(%)	数量/g	原料	百分比(%)	数量/g		原料	百分比(%)	数量/g
主料									
青头鸭	75	750	青红尖椒	5	50				
辅料									
姜茸	0.5	5	小米椒	0.5	5				
调料									
客家酸酒	5	50	盐	1	10		味精	0.5	5
白糖	0.5	5							

二、制作步骤

步骤 1：将青头鸭去内脏清洗干净，沥干水分。

步骤 2：将洗净的鸭子全身均匀地抹上盐和味精料酒，胡椒粉。

步骤 3：将鸭放入蒸柜用中大火蒸 30 分钟至熟。

步骤 4：将青红尖椒、老姜、小米椒用刀拍一下，再用刀剁成茸状，倒入客家酸酒，放入盐、味精、白糖调一个客家酸酒汁备用。

步骤 5：将蒸熟的青头鸭砍件，摆回原形；再淋上调好的客家酸酒汁即可。

三、制作技巧

1.要选用清水养殖的青头鸭。

2.酸辣汁酸辣味要中和。

3.鸭件砍的要均匀，略小。大件不容易入味。

四、菜品营养

蛋白质(g)	脂肪(g)	碳水化合物(g)	维生素 A(mg)	维生素 B1(mg)	维生素 B2(mg)
70.98	146.19	37.29	1.16	0.36	0.57

维生素 E(mg)	钙(mg)	镁(mg)	钾(mg)	钠(mg)	铁(mg)
0.99	88.16	12.03	84.36	429.74	15.04

五、风味特色

酸辣可口、开胃鲜香。

六、烹技进阶

如何挑选菜肴的原料

用料非常讲究，关键在于鸭子的挑选与酸酒（客家酸酒加上辣椒）的成色。鸭子要不肥不瘦，最好是放养的，肉质弹性十足，如果使用圈养的鸭子，鸭肉会变软。

任务6 粉尘鸭

◈ 见多食广

粉尘是客家人对薄荷的另外一种叫法，它是炒田螺、焖鸭、白切鹅等菜肴的常用佐料。粉尘鸭是客家地区一道风味菜肴，粉尘鸭吃起来香、辣、酸，帮助消化、味美可口，是河源客家人用来款待亲朋好友的一道佳肴。

一、制作配方

原料	百分比（%）	数量/g	原料	百分比（%）	数量/g	原料	百分比（%）	数量/g
主料								
光鸭	150	1500						
辅料								
姜片	1	10	蒜片	1	10	粉尘	1	10
调料								
盐	0.5	5	味精	0.3	3	老抽	0.5	5
料酒	1	10	生抽	1.5	15			

二、制作步骤

步骤1：将光鸭掏干净内脏洗干净，砍成4cm×2cm块。

步骤2：炒锅加入冷水烧开，将鸭肉飞水，捞起控干水分。

步骤3：起锅烧油将鸭肉放入锅中，用中小火煏炒，炒干水分，炒至鸭肉焦黄出油，倒出备用。

步骤4：炒锅烧热，放入少量食用油，爆香蒜片、姜片，放入鸭肉，烹入料酒，加入盐、味精、生抽、老抽，加入适量水焖至鸭肉软身，再放入粉尘焖至收汁，出锅装盘。

三、制作技巧

炒鸭肉上色时要用小火，否则会影响色泽。

四、菜品营养

蛋白质(g)	脂肪(g)	碳水化合物(g)	维生素 A(mg)	维生素 B1(mg)	维生素 B2(mg)
160.84	201.04	4.64	0.53	534.31	2.26

维生素 E(mg)	钙(mg)	镁(mg)	钾(mg)	钠(mg)	铁(mg)
2.84	159.53	14.75	98.78	385.70	23.33

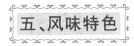

肉质软嫩，薄荷味浓郁。

鸭肉为什么先飞水，后小火炒至上色

1.鸭肉飞水，可以去除鸭肉中的血污，达到去除腥膻味的目的。

2.小火炒鸭肉，可以把鸭肉的多余水分去除掉，使鸭肉味道更香。

3.鸭肉小火炒上色，使鸭肉的成菜效果更好。

任务7 灵芝蒸猪头肉

◈见多食广

灵芝为多孔菌科真菌赤芝或紫芝的干燥子实体，呈伞状、褐色，有轻微清香气味，可野生，也可人工栽培，具有补气安神、止咳平喘的功效。客家人经常用灵芝来煲汤或作为配料跟主料一起蒸煮。

一、制作配方

原料	百分比（%）	数量/g		原料	百分比（%）	数量/g		原料	百分比（%）	数量/g
主料										
猪头肉	150	1500		灵芝	0.5	5		红枣	0.3	3
枸杞	0.2	2								
辅料										
姜片	0.3	3		香菜	0.2	2		小米椒	0.5	5
粉尘	1	10		蒜蓉	0.5	5				
调料										
家乐鸡粉	10	100		味精	0.3	3		盐	0.2	2
花生油	3	30		料酒	0.5	5		生抽	0.3	3

二、制作步骤

步骤 1：将新鲜的猪头肉清洗干净，去掉猪脑，砍去前面猪牙沥干水分备用。

步骤 2：将沥干水的猪头肉，用家乐鸡粉，花生油涂抹均匀，面上放姜片，灵芝和红枣枸杞。

步骤 3：放入蒸柜中大火蒸 40 分钟至软烂。将猪头肉取出改刀成件。

步骤 4：将小米椒、粉尘、蒜蓉剁碎，加入盐、味精拌均匀，淋上花生油制成蘸料跟上。

步骤 5：将猪头骨放底下，把改好刀的猪头肉平铺在猪头骨上。面上放灵芝、红枣枸杞、香菜，把猪头骨的汁淋在盘中即可。

三、制作技巧

1.要选用新鲜的土猪头，不能有腥臊味。

2.涂抹鸡粉时一定要沥干水分，否则不好入味。

3.蒸制用中大火，要蒸制软烂入味。

四、菜品营养

蛋白质(g)	脂肪(g)	碳水化合物(g)	维生素 A(mg)	维生素 B1(mg)	维生素 B2(mg)
99.99	480.11	2.78	0.60	595.93	0.80

续表

维生素 E(mg)	钙(mg)	镁(mg)	钾(mg)	钠(mg)	铁(mg)
18.96	93.14	35.93	51.61	198	11.46

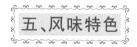

五、风味特色

肉香四溢，口感软烂。

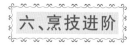

六、烹技进阶

猪头肉如何去腥味

1.买回来的生猪头肉最好在水里泡一段时间，这样能清除它身上的一些杂质。

2.在烹调前可加入料酒、姜、花椒等腌制掩盖掉一部分腥味。

3.泡过之后的猪头肉用盐和白醋搓洗几次。

任务8 客家红焖肉

◈ 见多食广

客家红焖肉又叫作客家红烧肉，是客家地区的一道传统名菜，因这道菜做出来色泽大红，色泽诱人，口感软糯，寓意红红火火，所以客家人每逢重大节日或有喜庆之事，都得上一碗满满的客家红焖肉，是招待亲朋好友的一道重要菜肴。

一、制作配方

原料	百分比（%）	数量/g	原料	百分比（%）	数量/g	原料	百分比（%）	数量/g
主料								
五花肉	75	750	客家酸菜	15	150	生菜	30	300
辅料								
姜片	1.5	15						
调料								
盐	0.3	3	味精	0.3	3	片糖	7.5	75
香叶	0.2	2	八角	0.2	2	生抽	1	10
红米酒	15	150	水	50	500			

二、制作步骤

步骤 1：将五花肉去毛洗干净，切成 3cm×3cm×3cm 大小的方块，酸菜洗干净切成 1cm 菜丁，生菜改成菜胆。

步骤 2：炒锅烧热，放入少量食用油，将五花肉放入锅内小火炒至表面变淡黄色，捞起控干油分。

步骤 3：炒锅烧热，放入少量食用油，下蒜蓉爆香，将酸菜放入锅内，加入盐、味精炒干水至熟，装入扣碗内。

步骤 4：炒锅烧热，放入少量食用油，锅内放入姜片、葱段炒香，放入五花肉用小火炒至色泽金黄，倒入红米酒、生抽、片糖、香叶、八角、水，加锅盖小火焖制，焖至肉色大红收汁。

步骤 5：将焖好的五花肉皮面朝扣碗底排好，铺上酸菜，压平后倒扣在盘子上。

步骤 6：将菜胆焯熟围边，用原汁勾芡淋在菜肴上。

三、制作技巧

1.五花肉炒上色要用小火，否则会影响色泽。

2.五花肉焖制时要用小火，焖至肉质软、色泽大红即可。

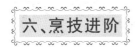

蛋白质(g)	脂肪(g)	碳水化合物(g)	维生素 A(mg)	维生素 B1(mg)	维生素 B2(mg)
107.22	201.05	83.44	1.10	1.11	0.61
维生素 E(mg)	钙(mg)	镁(mg)	钾(mg)	钠(mg)	铁(mg)
7.29	283.41	19.94	25.27	262.77	11.73

五、风味特色

色泽大红，香浓软糯，肥而不腻。

六、烹技进阶

如何使红焖肉肥而不腻

1.挑选食材:选用肥瘦相间的三层五花肉，口感丰富，肥而不腻。

2.合适调料:片糖和红米酒是使红焖肉肥而不腻的重要调料，白酒中的乙醇和肉中的脂肪可充分接触产生乙酸乙酯，香气更浓，而且长时间的炖煮也可让酒精挥发得更彻底。片糖在高温下产生焦糖化反应，使红焖肉上色。

3.火候控制:红焖肉要使用小火焖制，使米酒中的酒精和五花肉的脂肪充分结合，达到香浓软糯、肥而不腻的效果。

任务9 梅菜扣肉

◆见多食广

　　梅菜扣肉是客家经典菜肴之一，起源于梅州梅县。所谓"梅菜"是指经过加工晒干后的冬芥菜，客家人制作出来的梅菜具有不寒、不热、不湿、不燥的"四不"特点，有正气菜的美誉。梅菜扣肉具有形粗量大的特点，恰好反映了客家菜咸肥香的特色，除了梅菜与扣肉搭配之外，香芋、粉葛、柚子皮、竹笋等也可以作为扣肉的配料。

一、制作配方

原料	百分比（%）	数量/g	原料	百分比（%）	数量/g	原料	百分比（%）	数量/g
主料								
五花肉	75	750	梅菜	15	150	菜胆	30	300
辅料								
蒜茸	0.5	5						
调料								
盐	0.5	5	味精	0.3	3	料酒	1	10
生抽	2	20	老抽	0.6	6	蚝油	1	10

二、制作步骤

步骤 1：五花肉去毛洗干净，放入蒸柜内蒸熟。

步骤 2：将蒸熟的五花肉取出，过冷水，用干净的毛巾擦干净表面水分，用生抽涂在肉皮上，再用肉扎在肉皮上扎上小孔。

步骤 3：炒锅放入食用油，把油烧至 180℃，把五花肉放入热油中炸至皮色金黄。

步骤 4：把炸好的五花肉切成 6cm×3cm×1cm 方块，梅菜浸好洗干净后切成 0.2cm 菜丁。

步骤 5：炒锅烧热，放入少量食用油，爆香蒜蓉，将五花肉放入锅内煎至微黄，加入盐、味精、蚝油、生抽、老抽炒香后盛入盘中。

步骤 6：炒锅烧热，放入少量食用油，将梅菜放入锅内，用小火炒干水分。

步骤 7：将炒好的五花肉皮面朝下摆砌在扣碗内，将炒好的梅菜铺满至碗面，封上保鲜膜入蒸柜蒸 60 分钟。

步骤 8：蒸好后取出，滤出原汁，倒扣在盘子上，将菜胆焯熟围边，用原汁勾芡淋在菜肴上。

三、制作技巧

1.梅菜要用小火炒，炒出香味。
2.五花肉要炸至脆皮，色泽大红。

四、菜品营养

蛋白质(g)	脂肪(g)	碳水化合物(g)	维生素 A(mg)	维生素 B1(mg)	维生素 B2(mg)
51.71	225.07	2.17	0.25	0.92	0.40
维生素 E(mg)	钙(mg)	镁(mg)	钾(mg)	钠(mg)	铁(mg)
3.15	154.22	13.43	16.55	365.65	6

五、风味特色

香浓可口、肥而不腻。

六、烹技进阶

制作梅菜扣肉为什么要炸透五花肉

1.上色，粤菜讲究色香味俱全，造型精致，五花肉煮熟后表皮要涂抹老抽或生抽上色，高温炸制后五花肉表皮金黄色，使菜肴色泽美观。

2.去油腻，扣肉一般选用的是带皮五花肉，中间的脂肪层较多，经过油炸后，部分脂肪酸与脂肪细胞组织分离，吃起来口感肥而不腻，香浓可口。

3.口感，炸制的肉类在口感上跟煮熟的肉类差异比较大，炸制过的肉类经过蒸制后更入味，口感松软而又不失弹性。

任 务 10 莲子扣肉

◈ 见多食广

　　莲子扣肉是梅菜扣肉做法的延伸，是一道特色风味的创新菜肴。这道莲子扣肉的用料多样，做法复杂，营养丰富，味美可口，是大型婚庆喜宴中常见的一道菜肴。

一、制作配方

原料	百分比（%）	数量/g		原料	百分比（%）	数量/g		原料	百分比（%）	数量/g
主料										
五花肉	65	650		干白莲子	10	100		梅菜	25	250
香芋	15	150		西兰花	5	50				
辅料										
蒜茸	10	100		红干葱头	10	100		姜末	2	20
八角	0.5	5								
调料										
海鲜酱	3	30		生抽	1	10		柱侯酱	1	10
蚝油	5	50		花生酱	5	50		白糖	0.5	5
老抽	1	10		陈皮	0.3	3		料酒	1	10

二、制作步骤

步骤1:莲子洗净泡发,梅菜泡开洗净切碎,锅烧热,放入梅菜炒至水分完全干后捞出。锅放油,放入蒜茸、干葱茸爆香,放入梅菜翻炒,加入白糖炒干水分后放入钢盘中;西蓝花灼熟。

步骤2:将五花肉去毛洗干净,放入锅内,加入水煮至七八成熟后捞出,抹上老抽和蜂蜜腌制10分钟,锅放入油烧热,烧至180℃时,把五花肉皮朝下煎炸至猪皮起泡,捞出放入冷水中冲水。

步骤3:将炸好的五花肉改成8cm×0.15cm薄片,把泡好的莲子和炸好的香芋丁卷起来,将卷好的莲子朝下放入小钢盘中,放上梅菜。

步骤4:调味料搅拌均匀后倒入扣肉内,放入蒸柜蒸40分钟后取出,用扒碟盖面翻过来装盘,摆上焯熟的西蓝花。

三、制作技巧

肉片切片时要薄且均匀,否则难以卷起。

四、菜品营养

蛋白质(g)	脂肪(g)	碳水化合物(g)	维生素 A(mg)	维生素 B1(mg)	维生素 B2(mg)
84.31	225.65	162.75	2.80	1.55	0.91

维生素 E(mg)	钙(mg)	镁(mg)	钾(mg)	钠(mg)	铁(mg)
9.97	40.88	50.18	35.78	232.07	16.01

香味浓郁，粉嫩软烂，肥而不腻。

为什么煮熟的五花肉抹上老抽和蜂蜜腌制

煮熟的五花肉抹上老抽和蜂蜜后，炸制时颜色枣红大亮，使菜肴造型美观，颜色诱人。

任务 11 客家生焗猪耳仔

◈ 见多食广

生焗是粤菜烹调法焗法的一个分类，俗称"砂锅焗"。将砂锅烧热，爆香料头倒入生料，利用食材自身水分焗熟的一种烹调方法。

一、制作配方

原料	百分比（%）	数量/g	原料	百分比（%）	数量/g	原料	百分比（%）	数量/g
主料								
猪耳仔	30	300						
辅料								
蒜子	1	10	姜	0.8	8	红葱头	0.5	5
葱	0.3	3	香菜	0.3	3	红尖椒	0.2	2
调料								
紫金辣椒酱	0.5	5	盐	0.1	1	味精	0.3	3
鸡粉	0.2	2	生抽	0.2	2	蚝油	0.2	2
老抽	0.2	2	胡椒粉	0.2	2	生粉	0.5	5
猪油	2	20	高度白酒	1	10			

二、制作步骤

步骤 1:将猪耳仔用火枪烧掉猪毛,用钢丝球擦干净。去掉耳根。改刀成片沥干水备用。

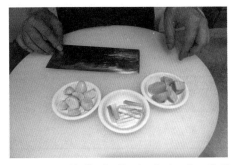

步骤 2:将蒜子、姜、红葱头、葱、香菜、红尖椒改刀备用。

步骤 3:将改好刀的猪耳仔下调料拌均匀。后下生粉,封油备用。

步骤 4:将砂锅烧热,中火下猪油先下姜角爆香,再下蒜子和红葱头,爆至金黄色。把调好味的猪耳仔均匀地放入砂锅中。用中火焗 3 分钟,开盖捞均匀再焗 2 分钟至熟。面放入小葱段、香菜段、红椒圈加盖。转大火,砂锅盖上淋上高度白酒。将酒精燃烧干净即可。

三、制作技巧

1.要选用新鲜的猪耳仔,不要耳根,耳根太硬。
2.腌制不能太多水分,否则不入味,会出水,不干香。
3.焗制要控制好火候,火太大容易煳,太小容易出水。

四、菜品营养

蛋白质(g)	脂肪(g)	碳水化合物(g)	维生素 A(mg)	维生素 B1(mg)	维生素 B2(mg)
68.14	53.28	3.45	0.01	0.18	0.38
维生素 E(mg)	钙(mg)	镁(mg)	钾(mg)	钠(mg)	铁(mg)
3.65	21.76	88.26	47.92	245.18	4.12

五、风味特色

口感爽脆，咸香入味。

六、烹技进阶

生焗类菜肴为何烹入高度数白酒

如原料有较重的腥味，去腥很重要，原料混合了姜葱蒜，砂锅锅盖上烹入高度白酒，都是去腥增香的方法。

任务 12 客家胡椒蒸猪肚

◈ 见多食广

　　胡椒一味可以和百味融合，客家菜里胡椒是调味的主旋律，全国其他菜系少见。客家喜食胡椒与客家地区多为山区，饮用水多是深山的石崖水，水质较寒。胡椒性暖，多吃胡椒可以排湿，有利于身体健康。

一、制作配方

原料	百分比（%）	数量/g	原料	百分比（%）	数量/g	原料	百分比（%）	数量/g
主料								
新鲜猪肚	75	750	客家咸菜	20	200	广东菜心	5	50
调料								
家乐鸡粉	10	100	胡椒粒	3	30	花生油	10	100

二、制作步骤

步骤 1:将猪肚去掉内部油脂。用生粉搓洗干净沥干水分备用。

步骤 2:将鸡粉和胡椒粒均匀地涂抹在猪肚内外上。淋上花生油入蒸柜蒸 1 小时备用。

步骤 3:客家咸菜改刀成片,飞水爆炒备用。广东菜心飞水备用。

步骤 4:将炒好的客家咸菜垫在盘底,把蒸好的胡椒猪肚按原形改刀,整齐地铺在上面,淋上猪肚原汤,用广东菜心围边即可。

三、制作技巧

1.猪肚一定要新鲜的,冻猪肚制作出来会黑。

2.涂抹鸡粉一定要把猪肚控干水分,否则不入味。

3.胡椒一定要先炒香,胡椒味会更香。

四、菜品营养

蛋白质(g)	脂肪(g)	碳水化合物(g)	维生素 A(mg)	维生素 B1(mg)	维生素 B2(mg)
112.88	137.47	7.01	0.52	0.54	1.35

续表

维生素 E(mg)	钙(mg)	镁(mg)	钾(mg)	钠(mg)	铁(mg)
45.5	173.74	14.98	152.45	611.53	22.20

五、风味特色

爽口入味，胡椒味浓。

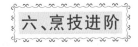

六、烹技进阶

胡椒与客家菜

胡椒蒸猪肚、胡椒猪肚鸡、客家胡椒猪杂汤都是具有代表性菜肴。胡椒功效针对中气不足、食欲不振、消化不良、虚寒、胃痛、酒毒伤胃等，具有行气、健脾、暖胃、养胃、散寒、止胃痛和排毒的功效。

任务13 高山茶油蒸牛坑腩

◉见多食广

　　"茶油"又名"山茶油"，堪称"液体黄金"。制作原料是高山野生茶籽，纯天然高级木本食用植物油。野茶油中特有的茶多酚和山茶甙对降低胆固醇和抗癌有明显的功效。

一、制作配方

原料	百分比（%）	数量/g		原料	百分比（%）	数量/g		原料	百分比（%）	数量/g
主料										
牛坑腩	35	350		干黄豆	10	100		广东菜心	10	100
辅料										
姜碎	1	10		葱花	0.3	3				
调料										
盐	0.3	3		味精	0.5	5		鸡粉	0.3	3
生抽	0.2	2		蚝油	0.2	2		胡椒粉	0.2	2
生粉	0.5	5		高山茶油	5	50				

二、制作步骤

步骤 1：将干黄豆隔夜泡水，要泡至透身备用。广东菜心取头尾改刀备用。

步骤 2：将牛坑腩洗净沥干水分，改刀成 3 厘米的件备用。

步骤 3：将泡好的黄豆放入盘底，改好刀的牛坑腩下姜碎、盐、味精、鸡粉、生抽、蚝油、料酒、胡椒粉搅拌均匀调味，再下干生粉捞均匀，下 30 克高山茶油封面。

步骤 4：将捞好的牛坑腩放入盘中，黄豆垫底，放入蒸柜蒸 45 分钟至软烂取出。

步骤 5：起锅烧水，放入油、盐、味精，将改好刀的广东菜心飞水捞出，摆在牛坑腩围一圈，撒上葱花和高山茶油即可。

三、制作技巧

1.一定要选用带筋的牛坑腩，口感更好。

2.高山茶油一定要用农家小颗的茶籽油，否则香味少一半，茶油要分两次添加，茶油遇热香味会挥发。

3.黄豆一定要用农家豆，要泡透，不然会很硬。

四、菜品营养

蛋白质(g)	脂肪(g)	碳水化合物(g)	维生素 A(mg)	维生素 B1(mg)	维生素 B2(mg)
104.26	85.49	26.20	0.24	0.68	0.75
维生素 E(mg)	钙(mg)	镁(mg)	钾(mg)	钠(mg)	铁(mg)
34.60	35.9	22.48	174.89	237.01	19.83

五、风味特色

鲜甜软烂,香味四溢。

六、烹技进阶

茶油如何烹饪

茶油营养价值高、不饱和脂肪酸高、烟点高、抗氧化物质含量高,可凉拌、煎、炸、炖、炒、烤等,茶油能去腥,茶油类菜还有:茶油鸭(鸡)、茶油鱼、茶油煎蛋等。

任务 14 客家全猪煲

◈ 见多食广

　　客家全猪煲是客家特色菜肴，风土味浓厚。全猪煲，顾名思义就是选取猪的各个部位做菜。猪肉在客家菜中是常用的烹饪原料，全猪煲最为关键的是选料，所选的猪肉要用本地养的土猪，土猪肉味重，口感爽嫩，汤汁鲜甜。

一、制作配方

原料	百分比(%)	数量/g	原料	百分比(%)	数量/g	原料	百分比(%)	数量/g
主料								
酸菜	25	250	粉肠	15	150	猪心	15	150
猪脷	15	150	猪肚	15	150	猪红	10	100
猪心顶	20	200	圆蹄	15	150	猪筒骨	25	250
辅料								
姜片	2	20	胡椒碎	1.5	15			
调料								
味精	1	10	鱼露	0.5	5	鸡粉	0.5	5
盐	0.5	5						

二、制作步骤

步骤1：将酸菜洗干净切成4cm段，粉肠洗净黏液，猪肚用盐、白醋、生粉洗干净，去除油脂，猪心顶去血污、圆蹄去毛洗净，猪红用开水浸着备用。

步骤2：炒锅加入冷水烧开，放入猪肚、猪心、粉肠、猪筒骨、猪胭、猪心顶飞水，捞出过冷水，把猪胭、猪肚的白液用刀刮干净。

步骤3：炒锅烧热，放入少量食用油，放入胡椒碎炒香，加入姜片、适量水，将以上原料大火煮开转中火煮25分钟，再放入酸菜，调入鱼露、味精、鸡粉煮开。

步骤4：除猪筒骨外把所有原料捞出改刀，粉肠、猪肚、猪心、猪胭切4cm段，猪红切大丁，将酸菜垫砂锅底，放上改好刀的原料摆盘。

三、制作技巧

控制好煮的时间，因为猪分大小，如小猪肉煮太久会影响口感。

四、菜品营养

蛋白质(g)	脂肪(g)	碳水化合物(g)	维生素A(mg)	维生素B1(mg)	维生素B2(mg)
182	91.55	36.79	0.08	1.72	2.86

维生素 E(mg)	钙(mg)	镁(mg)	钾(mg)	钠(mg)	铁(mg)
6.53	24.60	21.25	23.43	514.65	54.97

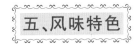

味道咸鲜，浓香可口。

分析胡椒的作用

胡椒具有增香、去异味和提鲜的作用。该菜用猪的内脏较多，内脏具有腥臊味，加入胡椒烹调，不仅能去除异味，而且还有增加菜肴香味和提鲜的作用。

任务 15 鲜沙姜猪肚

◈ 见多食广

客家人用猪的内脏入馔。猪肚是客家菜常用食材之一，沙姜具有开胃消食、理气止痛之功效，猪肚有健脾丸功效，配以沙姜烹调，口感爽脆、风味独特。

一、制作配方

原料	百分比（%）	数量/g	原料	百分比（%）	数量/g	原料	百分比（%）	数量/g
主料								
猪肚	65	650	鲜沙姜	5	50	花生米	5	50
辅料								
香菜	5	50	红薯	25	250	红葱头	3	30
调料								
鸡粉	1	10	味精	0.5	5	盐焗鸡粉	2	20
粗盐	25	250						

二、制作步骤

步骤 1:鲜猪肚内壁的黏液用刀刮干净,放入白醋、淀粉、盐内外翻洗,重复 2 次用清水洗干净。

步骤2:胡椒粒压碎,炒锅烘干后放入胡椒碎,放少许油炒出胡椒香味。把胡椒碎、猪肚放入高压锅内,加入 3000g 水煲上汽后转小火压 10 分钟,取出猪肚切成 5cm×0.3cm 片;油分。

步骤 3:炒锅烧热,放入粗盐,放入花生米小火炒香脆。

步骤 4:红薯去皮洗干净切成丝,冲水,捞起来用毛巾吸干水分。炒锅放油烧至七成热放入红薯丝炸成金黄色,捞出控干油分,放入碟子上。

步骤5:炒锅烧热,放入猪肚煸干水分后捞出。炒锅烧热,放入少量食用油,放入沙姜碎、红葱头爆香,放入猪肚,调入盐焗鸡粉、味精翻炒,放入香菜梗稍炒,撒上花生米即可。

三、制作技巧

猪肚要煸干水分,否则会影响口感。

四、菜品营养

蛋白质(g)	脂肪(g)	碳水化合物(g)	维生素 A(mg)	维生素 B1(mg)	维生素 B2(mg)
113.04	55.05	95.83	0.40	0.68	1.38
维生素 E(mg)	钙(mg)	镁(mg)	钾(mg)	钠(mg)	铁(mg)
10.44	48.14	15.36	28.89	143.15	24.81

五、风味特色

沙姜味浓，咸香爽口。

六、烹技进阶

制作鲜沙姜猪肚如何做到猪肚肉质爽口

1.猪肚是多层次组织，组织间含有大量黏液，用淀粉、白醋、盐洗去除黏液，使得组织间分离，这样炒出来的猪肚才爽脆。

2.炒猪肚要控制好火候，同时要煸出水分，时间太短不熟，时间太长则老韧。

任务 16 源城猪肠血

◆见多食广

源城猪肠血以猪大肠炒制加入猪血煮制配以粉尘辣椒，成菜大肠爽脆，猪血嫩滑，微辣粉尘味浓，是河源客家菜的一个传承经典名菜。

一、制作配方

原料	百分比（%）	数量/g		原料	百分比（%）	数量/g		原料	百分比（%）	数量/g
主料										
猪肠	20	200		猪血	30	300		芹菜	3	30
蒜苗	3	30		青红尖椒	3	30				
辅料										
姜茸	0.2	2		蒜蓉	0.2	2		粉尘	0.2	2
小米椒粒	0.2	2								
调料										
盐	1.2	12		味精	0.4	4		生抽	0.2	2
蚝油	0.2	2		老抽	0.2	2		鸡粉	0.2	2
辣椒油	0.5	5		料酒	0.2	2		胡椒粉	0.2	2
生粉	1.2	12								

二、制作步骤

步骤 1：将猪大肠用剪刀去掉油分，用盐和生粉搓洗干净备用。

步骤 2：将猪大肠改刀成 3 厘米的段，熟猪血切成正方块。芹菜蒜苗改刀成 4 厘米的段。青红椒改刀成角备用。

步骤 3：起锅烧水，将猪肠飞一下水，熟猪血用味水浸泡入味，热透。

步骤 4：用生抽、蚝油、盐、味精、老抽、胡椒粉把猪肠腌入味。

步骤 5：起锅烧油，将猪大肠料头下锅爆炒，加料酒，生抽下水放猪血调味调色一起焖煮勾芡，最后放入粉尘和辣椒油起锅即可。

三、制作技巧

1.猪大肠要选新鲜的中段口感更好。

2.猪血要嫩滑，不要太硬。

3.炒猪肠锅要猛，快速煸炒出香味，不能炒太久。

4.芡度要紧，不能太稀。

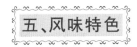

蛋白质(g)	脂肪(g)	碳水化合物(g)	维生素 A(mg)	维生素 B1(mg)	维生素 B2(mg)
53.37	43.63	17.66	0.05	0.26	0.39
维生素 E(mg)	钙(mg)	镁(mg)	钾(mg)	钠(mg)	铁(mg)
6.68	69.2	5.15	44.40	477	29.57

爽口嫩滑，微辣鲜香。

六、烹技进阶

如何烹饪猪血

猪血不仅具有较高的营养价值，还可以帮助吸附体内的一些杂物。猪血放在热水里面浸透入味，煮出来的猪血也就不容易出现碎的问题。另外烹饪猪血的时间也不要太长了，煮的时间太长也会影响到猪血的口感。

任务 17 客家香芋丸

◈见多食广

客家人过年过节家家户户都会炸香芋丸,客家特产"香芋丸"入口很香很酥软,小孩和老人都特别喜欢吃。有浓浓的香芋味,而且油而不腻,越吃越想吃。其实炸芋丸用香芋做主料,再加猪肉等配料后,搓成糊状,烧好油锅,待油锅热后就可炸芋丸了。

一、制作配方

原料	百分比(%)	数量/g		原料	百分比(%)	数量/g		原料	百分比(%)	数量/g
主料										
香芋	50	500		猪肉	15	150				
辅料										
干香菇粒	0.2	2		红葱头粒	0.3	3		葱花	0.2	2
调料										
盐	0.2	2		味精	0.4	4		五香粉	0.3	3
麻油	0.2	2		蚝油	0.3	3		生抽	0.2	2
生粉	1.5	15		老抽	0.2	2				

二、制作步骤

步骤 1：将洗净的香芋改刀切成小丁，干香菇、红葱头改刀成小丁，小葱切成葱花。

步骤 2：将香芋丁放入盐、味精、五香粉、麻油、胡椒粉拌均匀，再放入猪肉胶打至上劲。

步骤 3：把制好的香芋馅挤成 3 厘米直径的丸子，再用手把丸子搓圆备用。

步骤 4：起锅烧油将油温加热至 120℃，放入香芋丸子浸炸，浸至香芋丸熟透全部浮起来，加大油温将香芋丸炸至金黄色捞出备用。

步骤 5：将炸好的香芋丸放入蒸柜蒸制 5 分钟取出。

步骤 6：起锅烧油，爆香干香菇和红葱头，放入水调味调色勾芡，淋在香芋丸上撒上葱花即可。

三、制作技巧

1.香芋一定要改刀均匀，否则成熟度不好控制。
2.猪肉胶已经有基本味，调味不要太重。
3.炸制一定要控制好油温，油温过高颜色太深。
4.勾芡要控制芡度，不能太稀，否则挂不上芡。

四、菜品营养

蛋白质(g)	脂肪(g)	碳水化合物(g)	维生素 A(mg)	维生素 B1(mg)	维生素 B2(mg)
21.45	47.95	88.44	0.17	0.45	0.32

续表

维生素 E(mg)	钙(mg)	镁(mg)	钾(mg)	钠(mg)	铁(mg)
3.61	178.05	1.53	19.10	170.46	6.34

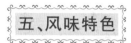

五、风味特色

外酥里嫩，芋香味浓郁。

六、烹技进阶

如何使芋丸具有弹性

制作猪肉胶，宜选用三成肥七成瘦的猪梅肉，一定要顺一个方向打至起胶，否则会散，不成型，起胶后烹熟后则弹性强，口感好。

任务 18 连平科丸

◈ 见多食广

　　科丸的来源是客家东江菜，有几百年历史。相传，科丸是给赶考的学子准备的一种食物，而其中的"科"字有取于登科的意思，是客家人充满了对学子的一种期盼和祝愿。

一、制作配方

原料	百分比（%）	数量/g	原料	百分比（%）	数量/g	原料	百分比（%）	数量/g
主料								
猪五花肉	30	300	豆腐	10	100	鸡蛋	5	50
辅料								
干香菇粒	2	20	红葱头粒	2	20	土鱿须	0.3	3
姜丝	0.2	2	葱花	0.2	2			
调料								
番薯淀粉	5	50	盐	0.3	3	味精	0.5	5
鸡粉	0.3	3	料酒	1	10	大地鱼粉	0.5	5
胡椒粉	0.5	5						

二、制作步骤

步骤1：将五花肉洗净去皮，剁成肉馅，豆腐用手抓烂放入肉馅里，加入料酒、辅料、调味料，加入鸡蛋和番薯淀粉水搅打上劲。

步骤2：起锅烧油，油温至120℃，把科丸挤成3厘米直径的丸子放入锅中浸炸，炸至全部熟了浮在面上，升高油温炸至金黄色捞出备用。

步骤3：起锅烧油把姜丝和干土鱿鱼丝爆香，放料酒和骨汤把炸好的科丸倒入锅里调味，大火滚煮3分钟，煮制科丸汤浓变大，撒上葱花即可。

三、制作技巧

1.要选用精五花肉，肥瘦要均匀，否则影响口感。

2.五花肉馅不要太碎，要有颗粒感。

3.科丸馅一定要摔打上劲，否则易散。

4.调味要突出大地鱼粉和胡椒粉的香味。

四、菜品营养

蛋白质(g)	脂肪(g)	碳水化合物(g)	维生素 A(mg)	维生素 B1(mg)	维生素 B2(mg)
40.03	96.96	54.69	0.15	4.96	0.59
维生素 E(mg)	钙(mg)	镁(mg)	钾(mg)	钠(mg)	铁(mg)
4.70	19.11	14.33	83.58	220.32	8.57

五、风味特色

咸鲜味浓，肉香四溢。

任务 19 萝卜焖牛腩

◈见多食广

　　萝卜是客家地区常见的食材。本地种植的萝卜个头适中，口感甘甜，客家人喜欢用其烹调各种各样的菜肴。萝卜焖牛腩是一道家常菜，萝卜含有丰富的维生素 C 和纤维素，牛腩含有充足的热量、矿物质等，配上柱侯酱等调味料烹调，味道咸鲜，香味独特。

一、制作配方

原料	百分比（%）	数量/g	原料	百分比（%）	数量/g	原料	百分比（%）	数量/g
主料								
牛腩	25	250	白萝卜	35	350			
辅料								
姜片	1	10	青红椒件	1	10	八角	0.2	2
香叶	0.2	2	胡椒粒	0.5	5			
调料								
盐	0.2	2	味精	0.4	4	料酒	1	10
蚝油	0.6	6	柱侯酱	2	20	生抽	1	10
冰糖	2	20	湿淀粉	2	20			

二、制作步骤

步骤1:白萝卜去皮洗净,切成4cm×2cm块,加冰糖、适量水用压力煲煲熟。

步骤2:将牛腩、八角、香叶、胡椒粒放入压力煲内,加入盐、味精、适量水煲熟。

步骤 3:牛腩取出,切成 4cm×2cm 件。

步骤4:炒锅烧热,放入少量食用油,爆香姜片、青红椒件,将牛腩、萝卜放入锅内,烹入料酒,加入盐、味精、柱侯酱、蚝油、生抽、适量水焖至恰度,用湿淀粉勾芡,加入尾油和匀。

三、制作技巧

1.煲牛腩要注意时间,蒸汽起后约15分钟。
2.焖的时间不宜太久。

四、菜品营养

蛋白质(g)	脂肪(g)	碳水化合物(g)	维生素 A(mg)	维生素 B1(mg)	维生素 B2(mg)
52.73	14.47	53.55	0.03	0.26	0.47

续表

维生素 E(mg)	钙(mg)	镁(mg)	钾(mg)	钠(mg)	铁(mg)
4.41	191.44	11.56	153.23	255.12	10.96

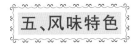

香味浓郁，咸口味鲜。

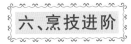

如何去除牛腩的异味

牛腩不仅血污较多，异味重，而且肉质老韧，所以在烹调前先用香料把它煲至成熟，这样可以去除异味，同时也使肉质松软。在焖牛腩的过程中再添加葱、姜和调味料，可以更有效地去除异味，增加香味。

任务 20 和平牛杂煲

◈见多食广

牛杂是指牛的内脏，包括牛肚、牛肠、牛肺等部位。客家人吃牛杂，充分体现了客家人对食物的不浪费原则，也展现出客家菜的淳朴。牛杂煲，适合秋冬季节食用，味道香浓，具有暖胃祛寒之功效。

一、制作配方

原料	百分比（%）	数量/g		原料	百分比（%）	数量/g		原料	百分比（%）	数量/g
主料										
牛肚	50	500		牛肠	50	500		牛肉丸	10	100
辅料										
姜片	1	10		粉尘	0.5	5				
调料										
盐	0.3	3		味精	0.3	3		鸡粉	0.3	3
胡椒粒	1	10		香叶	0.2	2		八角	0.2	2

二、制作步骤

步骤 1：将牛肚、牛肠去掉油脂和杂质，用盐和生粉清洗干净。

步骤 2：将牛肚、牛肠放入煲内，加入姜片、胡椒粒、香叶、八角、适量水煲 40 分钟至口感爽脆，软烂。

步骤 3：将煲熟的牛肚、牛肠取出，切成 4cm×2cm 小块。

步骤 4：炒锅烧热，放入少量食用油，爆香姜片，将牛肚、牛肠和牛肉丸一起放入锅内，加入盐、味精、鸡粉调味滚透，加入少量粉尘即可。

三、制作技巧

1.牛肚、牛肠要洗干净，否则异味重。

2.煲牛杂要注意火候和时间的掌控，要根据牛的老嫩制定时间，牛杂煲至软烩脆口为佳，时间短过硬则咬不动，时间长过烂则口感不佳。

四、菜品营养

蛋白质(g)	脂肪(g)	碳水化合物(g)	维生素 A(mg)	维生素 B1(mg)	维生素 B2(mg)
146.31	21.56	10.23	0.01	0.32	1.22

续表

维生素 E(mg)	钙(mg)	镁(mg)	钾(mg)	钠(mg)	铁(mg)
2.95	27.19	12.60	145.52	209.77	22.05

汤鲜香味美，肉质爽口嫩滑。

六、烹技进阶

如何去除牛杂的异味

牛杂中血污较多，因此异味也比较重。在烹调前先用香料煲至软熟，不仅能有效地去除异味，还可以增加香味，同时也缩短了烹调的时间。

任务 21 清蒸石娟鱼

◈ 见多食广

石娟鱼，学名刺鲃，这种鱼对生活环
境要求较高，一般生长在清澈的江河之
中，所以肉质非常鲜嫩，适合清蒸。客家
地区的江河流域水质好，很适合这种鱼生
长，所以石娟鱼也常见。石娟鱼因其鱼鳞
含有较高的脂肪，熟后口感爽脆，所以烹
调前不需去鱼鳞。

一、制作配方

原料	百分比（%）	数量/g		原料	百分比（%）	数量/g		原料	百分比（%）	数量/g
主料										
石娟鱼	100	1000								
辅料										
姜片	1.5	15		姜丝	1.5	15		葱条	2	20
葱丝	1	10								
调料										
蒸鱼豉油	2	20								

二、制作步骤

步骤 1:将石娟鱼保留鱼鳞，去鱼鳃和内脏，洗干净，控干水分。

步骤 2:将葱条放在蒸鱼碟上，放上石娟鱼，再放上姜片，入蒸柜蒸 10 分钟。

步骤 3:取出，撒上姜丝、葱丝，浇上热油，注入蒸鱼豉油。

三、制作技巧

1.蒸鱼要控制好时间，过短肉质不熟，过久肉质会老。

2.蒸鱼时碟子上放上筷子，把鱼放在上面。筷子架起利于鱼底面均匀受热均匀成熟。

四、菜品营养

蛋白质(g)	脂肪(g)	碳水化合物(g)	维生素 A(mg)	维生素 B1(mg)	维生素 B2(mg)
96.97	30.42	2.93	0.09	0.25	0.66
维生素 E(mg)	钙(mg)	镁(mg)	钾(mg)	钠(mg)	铁(mg)
11.90	27.12	3.54	34.84	243.86	5.12

五、风味特色

汤鲜香味美，肉质爽口嫩滑。

六、烹技进阶

如何判断鱼是否蒸熟

1.看眼珠。鱼眼变白，眼珠突出。

2.看鱼鳍。鱼胸鳍伸直，竖起来。

3.用筷子插入。用筷子插入鱼背肉质较厚的地方，如没有血污渗出来表明已熟。

任务22 榄角蒸边鱼

◈ 见多食广

榄角很受客家人的喜爱，常在自家门前种一棵，既可做零食，也可以搭配制作菜肴，榄角具有清肺、利咽、生津、解毒、解酒的功效，可用缓解咳嗽痰血、咽喉肿痛、暑热烦渴等症状。

一、制作配方

原料	百分比（%）	数量/g	原料	百分比（%）	数量/g	原料	百分比（%）	数量/g
主料								
万绿湖边鱼	75	750	甜榄角	1	10			
辅料								
姜粒	0.2	2	葱花	0.3	3	香菜	0.3	3
调料								
盐	0.2	2	味精	0.3	3	生粉	0.3	3
生抽	0.5	5	胡椒粉	1	10	麻油	0.4	4
料酒	0.5	5	蚝油	0.2	2	花生油	2	20

二、制作步骤

步骤 1：将边鱼杀好清洗干净。去头去尾，中间鱼身改刀成 3 毫米的连刀厚片备用。

步骤 2：将改好刀的边鱼，下料酒、盐味、生粉、胡椒粉、麻油腌制备用。

步骤 3：将榄角洗净，放入味精、姜粒、蚝油、生抽麻油捞均匀。

步骤 4：把腌制好的边鱼，摆成孔雀形，上面放上捞好味的榄角。

步骤 5：把摆好的边鱼放入蒸柜猛火蒸 8 分钟取出。倒出蒸鱼汁放入生抽调味调色。

步骤 6：起锅烧油，将边鱼面上撒上红椒圈葱花，淋上热花生油。将调好的鱼汁倒回边鱼里，放上香菜即可。

三、制作技巧

1.要选用水库的鲜活边鱼，不能有土腥味。

2.改刀要均匀，否则会影响成熟度。

3.蒸鱼一定要猛火，否则会影响口感。

四、菜品营养

蛋白质(g)	脂肪(g)	碳水化合物(g)	维生素 A(mg)	维生素 B1(mg)	维生素 B2(mg)
91.21	39.24	1.23	0.06	0.09	0.33

维生素 E(mg)	钙(mg)	镁(mg)	钾(mg)	钠(mg)	铁(mg)
12.42	299.09	17.71	93.21	316.24	5.30

咸鲜味美，肉质嫩滑。

蒸制类菜肴火候的选用

猛火，蒸汽猛烈，适用于烹制水产品及其半制成品的菜肴。中火，蒸汽直上，适用于烹制含脂肪性较高、肉质结实、带骨的禽类原料菜肴。慢火，蒸汽较弱，适用于烹制蛋类易熟但不耐火的原料菜肴。

任务 23 煎焖河鲩

◆ 见多食广

　　客家地区水系发达，因此河鲜的品种非常丰富。在这些水域生长的河鲜个头肥大、肉质鲜嫩。鲩鱼是常见的食用河鲜之一，煎焖是最常见的烹调方法，先煎后焖，熟后皮色金黄，又有焖的浓香味，风味诱人。

一、制作配方

原料	百分比（%）	数量/g		原料	百分比（%）	数量/g		原料	百分比（%）	数量/g
主料										
鲩鱼	100	1000								
辅料										
姜片	1	10		葱段	1	10		蒜片	1	10
青红椒	1.5	15								
调料										
盐	0.5	5		味精	0.3	3		料酒	1	10
生抽	1.5	15		湿淀粉	2	20				

二、制作步骤

  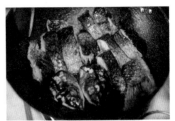

步骤 1：将鲩鱼宰杀后洗干净，控干水分，切成 6cm×3cm 鱼件。

步骤 2：鱼件加入适量盐、味精、料酒、生抽、姜片、葱段拌匀腌制。

步骤 3：炒锅烧热，放入少量食用油，将鱼件放入锅内用小火煎至两面呈金黄色，加入料酒、盐、味精、生抽、适量水焖至恰度，再放入青红椒件、葱段，用湿淀粉勾芡，加包尾油后出锅装盘。

三、制作技巧

1. 煎鱼时要小火，两面呈金黄色。
2. 焖制的时间不宜过长，否则肉质易烂。

四、菜品营养

蛋白质(g)	脂肪(g)	碳水化合物(g)	维生素 A(mg)	维生素 B1(mg)	维生素 B2(mg)
41.06	31.11	22.65	0.08	0.29	0.69

维生素 E(mg)	钙(mg)	镁(mg)	钾(mg)	钠(mg)	铁(mg)
12.54	24.80	19.46	197.41	126.23	7.61

五、风味特色

肉质嫩滑，咸口味鲜。

六、烹技进阶

煎鱼时如何防止粘锅

1.要吸干鱼表面的水分,水分太多,容易粘锅。

2 煎鱼时要热锅冷油,防止粘黏。

3.煎鱼时要小火煎制,防止煎煳粘锅。

任务24 砂锅焗鱼头

◈ 见多食广

鲢鱼头，其个头肥大，肉质鲜嫩，客家人喜欢用其烹调菜肴，一般蒸和焗的方法较多。鲢鱼头含有丰富的蛋白质、钾、钙等微量元素，低脂肪，能满足人体骨骼的生长，适合各个年龄阶段的人士食用。

一、制作配方

原料	百分比（％）	数量/g	原料	百分比（％）	数量/g	原料	百分比（％）	数量/g
主料								
鲢鱼头	100	1000						
辅料								
姜片	1	10	蒜头	1	10	葱段	1	10
红葱头	1.5	15	香菜	0.5	5	红椒件	1.5	15
调料								
盐	0.5	5	味精	0.3	3	蚝油	1	10
生抽	2	20	胡椒粉	0.3	3	生粉	2	20

二、制作步骤

步骤 1：将鳙鱼头洗干净，斩件，用干净的白毛巾吸干水分。

步骤 2：鳙鱼头加入姜片、葱段、料酒、盐、味精、蚝油、生抽、胡椒粉、生粉拌匀腌制备用。

步骤 3：砂锅烧热，放入少量食用油，放入姜片、蒜头、红葱头爆香，放入鱼头，盖上盖子，中火焗 5 分钟后转大火 3 分钟至熟，放入红椒件、葱段、香菜加盖淋上高度酒即可。

三、制作技巧

1.鱼头不能有水，要吸干净水分再腌制。

2.焗制时要控制好火候。

四、菜品营养

蛋白质(g)	脂肪(g)	碳水化合物(g)	维生素 A(mg)	维生素 B1(mg)	维生素 B2(mg)
99.39	15.24	61.21	0.02	1.39	0.77
维生素 E(mg)	钙(mg)	镁(mg)	钾(mg)	钠(mg)	铁(mg)
17.45	57.02	18.41	163.25	380.39	9.10

五、风味特色

味道咸鲜，肉质鲜甜。

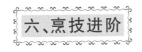

鱼头为何要吸干水分

腌制鱼头前首先要吸干水分，因为水分太多会扩散调味料的浓度，使咸鲜味降低。其次，鱼头本身也含有水分，在烹调过程中水分也会析出，如烹调前不吸干水分，导致菜肴本身水分太多，影响咸鲜味并导致水分过多焗不干身。

任务 25 紫金酱蒸鱼头

◈见多食广

　　紫金酱是紫金当地特色辣椒酱，据说已有两百多年的历史，曾经是朝廷贡品，被称为紫金之宝，是广东知名的酱料之一。它虽是辣椒酱，但加入了大蒜等非常多的原料，辣中带有醇厚浓郁的香味，风味非常独特，是焖凤爪、做排骨的绝佳配酱。

一、制作配方

原料	百分比（%）	数量/g		原料	百分比（%）	数量/g		原料	百分比（%）	数量/g
主料										
大鱼头嘴	40	400								
辅料										
蒜蓉	0.3	3		红葱头	0.3	3		姜粒	0.2	2
青红椒粒	0.3	3		香菜粒	0.2	2		葱花	0.3	3
调料										
紫金酱	10	100		盐	0.2	2		味精	0.5	5
鸡粉	0.5	5		辣椒油	5	50		蚝油	0.5	5
生抽	0.2	2		料酒	3.3	33		生粉	2.3	23

二、制作步骤

步骤1：将新鲜的鱼头清洗干净，用厨房纸吸干水备用。

步骤2：将沥干鱼的鱼头，放入盐、味精、生粉、麻油、胡椒粉腌制基本味备用。

步骤3：起锅烧油，中小火下紫金酱炒香，再下入料头爆香。下味精、鸡粉、生抽、蚝油、生粉调味。最后放入辣椒油煮香备用。

步骤4：把腌制好基本味的鱼头在盘子上摆好，上面淋上调好的紫金酱，放入蒸柜猛火蒸5分钟至刚刚熟。撒上葱花，淋上热油即可。

三、制作技巧

1. 要选用水库野生大头鱼，只取鱼头部位。
2. 炒制紫金酱要注意火候，不要火太猛，否则容易煳锅，颜色变黑。
3. 蒸制要把握好火候和时间，刚熟最佳。

四、菜品营养

蛋白质(g)	脂肪(g)	碳水化合物(g)	维生素 A(mg)	维生素 B1(mg)	维生素 B2(mg)
48.99	65.67	21.38	0.20	0.07	0.27

续表

维生素 E(mg)	钙(mg)	镁(mg)	钾(mg)	钠(mg)	铁(mg)
48.60	21.66	7.44	67.72	272.54	13.06

五、风味特色

微辣咸鲜，口感嫩滑。

六、烹技进阶

鱼头为何要吸干水分

鱼头吸干水分，腌制的时候能够更加有效地赋予菜肴的基本味，同时加热的过程中鱼头由于成熟也会出水，影响色泽、味道、芡色等，所以要吸干水分。

任务 26
客家炒河蚌

◈ 见多食广

河蚌是体积较大的贝壳类水产，营养价值高，含丰富蛋白质，有清肝明目、滋阴清热之功效。虽然外壳硕大，但含水分多，宰杀后肉质柔韧，被称为"平民美食"。在客家地区的山塘水库，冬季旱塘脚踩可觅，拾回家清水养上几天，吐出泥垢污物后便可烹制。

一、制作配方

原料	百分比（%）	数量/g	原料	百分比（%）	数量/g	原料	百分比（%）	数量/g
主料								
河蚌	200	2000	青红椒	10	100	粉尘	5	50
辅料								
姜蓉	0.2	2	葱度	0.2	2	拍蒜	0.2	2
小米椒	0.2	2						
调料								
盐	0.2	2	味精	0.5	5	鸡粉	0.3	3
生抽	0.2	2	蚝油	0.3	3	料酒	0.4	4
老抽	0.2	2	生粉	0.3	3	胡椒粉	0.2	2
麻油	0.2	2						

二、制作步骤

步骤 1：将河蚌去掉内脏，处理后用生粉清洗干净。

步骤 2：将河蚌改刀成片，将青红椒改刀成片，料头改刀备用。

步骤 3：将改刀好的河蚌下料酒、盐、味精、麻油、胡椒粉、生抽、蚝油、生粉腌制入味。

步骤 4：起锅烧水，放入河蚌肉飞水备用，用盐、味精、生抽、蚝油、料酒、胡椒粉、生粉、老抽、麻油调一个碗芡备用。

步骤 5：起锅烧油，将飞好水的河蚌拉一下油，用原锅爆香料头，倒入河蚌、青红椒猛火爆炒，放入粉尘。调好的碗芡翻炒，加尾油出锅放入河蚌壳即可。

三、制作技巧

1.河蚌要清洗干净，去掉内脏。

2.改刀要均匀，否则成熟度不好把握。

3.炒制要快速，不要炒过熟，过熟口感会硬。

四、菜品营养

蛋白质(g)	脂肪(g)	碳水化合物(g)	维生素 A(mg)	维生素 B1(mg)	维生素 B2(mg)
38.59	8.19	10.81	1	0.29	0.84

续表

维生素 E(mg)	钙(mg)	镁(mg)	钾(mg)	钠(mg)	铁(mg)
10.51	30.96	14.23	44.38	134.55	17.28

五、风味特色

原汁原味，爽口鲜甜。

六、烹技进阶

河蚌如何去腥味

河蚌一定要去掉腮边，然后再挤去肠子里的淤泥，用清水冲洗干净，接着再用盐反复地揉搓河蚌肉，去掉河蚌身上黏滑的河腥液。之后再用生粉或加入白醋反复地揉搓河蚌，再用清水冲洗，这样去掉土腥味。

任务 27 盐焗罗氏虾

◉见多食广

罗氏虾又称白脚虾、金钱虾等，是一种大型淡水经济虾类，营养丰富，素有淡水虾王之称，是世界上养殖量最高的三大虾种之一。其壳薄体肥、肉质鲜嫩、味道鲜美、营养丰富。除富有普通淡水虾类的风味之外，成熟的罗氏沼虾头胸甲内充满了生殖腺，具有近似于蟹黄的特殊鲜美之味。

一、制作配方

原料	百分比（%）	数量/g	原料	百分比（%）	数量/g	原料	百分比（%）	数量/g
主料								
罗氏虾	50	500	香菜	1	10	红尖椒	0.5	5
辅料								
姜	0.3	3	小葱	0.3	3			
调料								
盐焗鸡粉	2	20	粗海盐	150	1500	八角	0.3	3
高度白酒	10	100	麻油	1	10	胡椒粉	0.3	3

二、制作步骤

步骤 1：将香菜洗净改刀成 4 厘米的段，红尖椒改刀成圈。姜、葱拍碎备用。

步骤 2：将罗氏虾洗干净沥干水分，下拍碎的姜、葱、盐、焗鸡粉、麻油、高度白酒、胡椒粉腌制 10 分钟备用。

步骤 3：烧热砂锅，用中火把粗海盐炒至大热放入八角香叶，取出 500 克粗海盐，把腌制好的罗氏虾放入砂锅均匀地摆成圆形，把取出的粗海盐均匀地铺在罗氏虾面上。

步骤 4：把砂锅盖盖严实，用中小火焗 5 分钟，焗的过程中要转动砂锅，让砂锅整体受热均匀。

步骤 5：将火转为大火焗 2 分钟，面上放入香菜和红椒圈，盖严实砂锅盖，把高度白酒淋在砂锅上，待白酒燃烧干净即可。

三、制作技巧

1.一定要选生猛的活罗氏虾。

2.一定要沥干水再腌制，否则水分太大，不易入味。

3.粗海盐一定要炒至大热，否则温度太低容易出水。

4.要把握好火候和焗制的时间。

四、菜品营养

蛋白质(g)	脂肪(g)	碳水化合物(g)	维生素 A(mg)	维生素 B1(mg)	维生素 B2(mg)
62.18	102.26	7.23	0.30	0.70	0.41
维生素 E(mg)	钙(mg)	镁(mg)	钾(mg)	钠(mg)	铁(mg)
411.60	46.33	82	110.88	377.33	19.12

五、风味特色

咸香味美，口感爽脆。

六、烹技进阶

盐焗法注意的方法

粗盐要均匀翻动炒热，同时在焗制的过程中可以转动一下容器的方向，这样，原料在焗制的时候才能均匀受热成熟。

任务 28 黄豆煲大田螺

◈见多食广

田螺在我国各地的淡水湖泊、水库、稻田、池塘、沟渠均广泛分布。因其肉嫩味美、营养丰富，且有清热止渴、明目等食疗功效，成为南方人喜爱的水产品之一，特别是客家人把它奉为席上佳肴。

一、制作配方

原料	百分比(%)	数量/g	原料	百分比(%)	数量/g	原料	百分比(%)	数量/g
主料								
大田螺	50	500	黄豆	15	150			
辅料								
姜片	0.2	2	粉尘	0.3	3			
调料								
盐	0.2	2	味精	0.3	3	鸡粉	0.3	3
料酒	0.5	5						

二、制作步骤

步骤1：将大田螺洗净，用盐水养1天，让大田螺吐净里面的泥。

步骤2：将养干净的大田螺，拿刀敲掉尾部洗净备用。

步骤3：起锅烧水，将大田螺飞一下水捞出冲干净。

步骤4：把处理好的大田螺放入高压锅，放姜和料酒去腥。放入黄豆压制10分钟备用。

步骤5：把压好的大田螺连汤汁一起放入砂锅调味。煲5分钟出锅即可。

三、制作技巧

1.大田螺一定要养干净，不能有土腥味和泥味。

2.用高压锅压制的大田螺口感更焓滑。

3.干黄豆要提前泡一下水。

四、菜品营养

蛋白质(g)	脂肪(g)	碳水化合物(g)	维生素 A(mg)	维生素 B1(mg)	维生素 B2(mg)
66.98	24.27	32.72	0.06	0.64	0.55

续表

维生素 E(mg)	钙(mg)	镁(mg)	钾(mg)	钠(mg)	铁(mg)
29.33	288.23	40.30	240.25	540.58	38.03

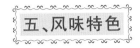

汤鲜味美，螺肉爽滑。

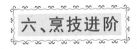

如何去除田螺的腥味

田螺用清水养着，每天早晚换一次水。而在准备烹饪田螺之前，可以提前一个小时在清水中加入几滴茶油，或者是食用油，这样可以帮助田螺把泥巴吐得更加干净。

任务 29 香煎蛋角煲

◉见多食广

蛋角也叫蛋饺。客家人喜欢吃饺子，就想到了把肉馅酿到鸡蛋里面去，体现了客家人饮食的智慧。把煎至刚凝固的蛋皮酿上肉馅后卷起来，状如饺子，再配以高汤煮熟，熟后蛋香味鲜，汤汁香甜，是一道餐桌上必不可少的家常菜。

一、制作配方

原料	百分比（%）	数量/g	原料	百分比（%）	数量/g	原料	百分比（%）	数量/g
主料								
五花肉	15	150	干冬菇	2.5	25	鸡蛋	30	300
辅料								
红葱头	1	10	葱花	1	10			
调料								
盐	0.5	5	味精	0.3	3	鸡粉	0.3	3
胡椒粉	0.5	2	生粉	0.6	6			

二、制作步骤

步骤 1:鸡蛋磕入碗中,搅拌均匀,五花肉去皮剁成肉茸,干冬菇浸开后切成小粒,红葱头切成末。

步骤 2:肉茸加入少量盐、味精、生粉、冬菇粒、红葱头末拌匀制成肉馅。

步骤 3:炒锅烧热,加入少量食用油,取一勺蛋液放入锅内,待蛋液呈半凝固时,取适量肉馅放在蛋液一边上,然后用锅铲把另一边蛋液铲起将肉馅盖上,成月牙形蛋角,然后把蛋角两面煎成金黄色。

步骤 4:把煎好的蛋角放入砂锅内,加入适量水,煮 3 分钟,调味,撒上葱花。

三、制作技巧

1.煎蛋角时要控制后蛋液的凝固程度。
2.煎蛋角时火不能太大,要小火煎制。

四、菜品营养

蛋白质(g)	脂肪(g)	碳水化合物(g)	维生素 A(mg)	维生素 B1(mg)	维生素 B2(mg)
37.33	68.75	16.22	0.87	0.45	1.19

维生素 E(mg)	钙(mg)	镁(mg)	钾(mg)	钠(mg)	铁(mg)
4.58	15.26	7.53	95.24	172.46	8.88

五、风味特色

色泽金黄,蛋香味鲜。

六、烹技进阶

如何控制蛋液的凝固度

1.要热锅冷油。锅要烧热后才放油,这样蛋液放下去后会立即半凝固形成蛋皮而且不粘锅,有利于肉馅放在蛋液上。

2.煎蛋时要尽量小火,同时观察蛋液凝固程度,火太大蛋液容易焦煳。

任务 30 客家酿豆腐

◈ 见多食广

　　客家先民自南迁至粤后，每逢新春佳节思念家乡都希望能吃上一顿饺子，但广东地区缺乏面粉，对当时处于深山腹地的客家人，要吃一顿饺子很是不易。后来有人想出了一个办法，把饺子的馅料填进豆腐块里，煮熟当作饺子，吃起来别有一番风味，后来经过厨师的改良演变成今天的客家酿豆腐。

一、制作配方

原料	百分比（%）	数量/g	原料	百分比（%）	数量/g	原料	百分比（%）	数量/g
主料								
五花肉	15	150	豆腐	50	500	冬菇	2.5	25
辅料								
葱花	1.5	15	红葱头	1	10			
调料								
盐	0.3	3	味精	0.3	3	鸡粉	0.3	3
料酒	1	10	湿淀粉	2	20	胡椒粉	0.3	3
麻油	0.3	3	生粉	1.5	15	生抽	1.5	15
蚝油	1	10						

二、制作步骤

步骤 1：将豆腐改成5cm×3cm 方块，五花肉去皮剁成肉茸，冬菇浸开后切成小粒，红葱头切成末。

步骤 2：将五花肉放入盘中，加入盐、味精、胡椒粉、生粉和匀，拌入冬菇粒、红葱头末搅拌均匀制成肉馅；油分。

步骤 3：豆腐中间挖一个直径2cm的小洞，拍上薄生粉，分别将肉馅酿入豆腐内。

步骤 4：炒锅烧热，放入少量食用油，将豆腐放入锅内小火煎至两面呈金黄色，取出备用。

步骤 5：炒锅烧热，放入少量食用油，加入汤水，加入豆腐，调入料酒、盐、味精、生抽、蚝油焖至入味，用湿淀粉兑上麻油、胡椒粉勾芡，加入包尾油和匀后出锅装盘，撒上葱花。

三、制作技巧

煎豆腐时要热锅冷油，要小火，动作要轻，否则易烂。

四、菜品营养

蛋白质(g)	脂肪(g)	碳水化合物(g)	维生素 A(mg)	维生素 B1(mg)	维生素 B2(mg)
42.84	57.61	28.22	0.05	1.64	0.34

维生素 E(mg)	钙(mg)	镁(mg)	钾(mg)	钠(mg)	铁(mg)
18.72	60.60	31.47	56.11	103.2	10.43

肉质鲜美，豆腐软滑。

酿豆腐时怎样使肉馅不易脱落

　　酿豆腐的时候要在表面拍上一层薄薄的生粉，淀粉在加热的过程中糊化，糊化后的淀粉具有黏性，使肉馅不易脱落。

任务 31 山坑螺豆腐煲

◉见多食广

山坑螺是一种对生活环境要求比较高的螺类，一般生长在清澈见底、环境阴凉、水要长年流动的山沟里面。山坑螺肉质鲜嫩，没有像其他螺那样有仔，算得上是山上的"野味"了。山坑螺富含蛋白质、钙、锌等微量元素，搭配客家自制的豆腐一起煲，鲜味互相渗透吸收，相得益彰。

一、制作配方

原料	百分比（%）	数量/g		原料	百分比（%）	数量/g		原料	百分比（%）	数量/g
主料										
五花肉	15	150		冬菇	3	30		豆腐	120	1200
山坑螺	30	300		水	50	500				
辅料										
葱头	2	20		葱白	2	20		蒜头	3	30
调料										
盐	0.5	5		生抽	1	10		鸡粉	0.3	3
胡椒粉	1	10		淀粉	3	30		蚝油	1	10

二、制作步骤

步骤 1：将山坑螺放清水加点盐，养一个晚上去泥。

步骤 2：将五花肉、干葱头、泡发好的香菇分别剁碎后，加入盐、胡椒粉、淀粉、花生油、鸡粉顺着一个方向搅拌成肉馅。

步骤 3：砂锅烧热，放入少量食用油，放入蒜头、葱白稍炒，放入山坑螺，加入400 克清水煲 10 分钟。

步骤 4：将豆腐酿入肉馅，平底锅烧热，放入少量食用油，放入豆腐两面煎至金黄色，放入装有山坑螺的砂锅里，大火烧开后转小火煲 8 分钟。

步骤 5：取一小碗放入清水 20 克，加入蚝油、生抽、淀粉、胡椒粉搅拌均匀，倒入砂锅内收汁。

三、制作技巧

大火烧开后要转小火，否则会易烧干水。

四、菜品营养

蛋白质(g)	脂肪(g)	碳水化合物(g)	维生素 A(mg)	维生素 B1(mg)	维生素 B2(mg)
101.24	76.29	75.97	0.05	3.20	1.15

续表

维生素 E(mg)	钙(mg)	镁(mg)	钾(mg)	钠(mg)	铁(mg)
45.04	170.70	98.28	23.50	558.85	23.13

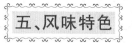

五、风味特色

螺肉鲜甜、豆腐嫩滑。

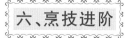

六、烹技进阶

豆腐为何要煎至上色

1.增加豆腐色泽和香味。煎过的豆腐色泽金黄,豆香味浓郁,能促进食欲。

2.增加豆腐的厚实度。煎过的豆腐再去煲,不易碎烂,保证菜肴的美观。

任务32 杂粮黑豆腐

◈见多食广

黑豆腐，是以黑豆作为主要材料，经过磨制，蒸煮做成的豆腐。黑豆腐富含优质蛋白质、卵磷脂、必需脂肪酸、维生素 E 等营养素，具有很好的营养保健作用。黑豆腐搭配其他杂粮一起烹调食用，对预防人体心脑血管疾病、防止便秘具有很好的效果。

一、制作配方

原料	百分比(%)	数量/g	原料	百分比(%)	数量/g	原料	百分比(%)	数量/g
主料								
五花肉	15	150	豆腐	50	500	冬菇	2.5	25
辅料								
葱花	1.5	15	红葱头	1	10			
调料								
盐	0.3	3	味精	0.3	3	鸡粉	0.3	3
料酒	1	10	湿淀粉	2	20	胡椒粉	0.3	3
麻油	0.3	3	生粉	1.5	15	生抽	1.5	15
蚝油	1	10						

二、制作步骤

步骤1：豆腐取出，改刀成2cm×2cm方块，撒上干淀粉，锅内放入油，烧热至180℃，放入豆腐炸至表皮硬身，捞起控干油分。

步骤2：小金瓜去皮切片蒸熟，用打汁机打成金瓜汁。

步骤3：炒锅加入冷水烧开，放入杂粮飞水捞起。

步骤4：炒锅烧热，放肥膘炒出油后把油渣隔出，放入拍蒜炒香，加500克水，放入豆腐、杂粮，放入盐、味精、鸡粉、鸡汁煮5分钟，放入金瓜汁调色勾芡即可。

三、制作技巧

蒸豆腐要控制好时间，过久豆腐不嫩。

四、菜品营养

蛋白质(g)	脂肪(g)	碳水化合物(g)	维生素 A(mg)	维生素 B1(mg)	维生素 B2(mg)
42.84	57.61	28.22	0.05	1.64	0.34

维生素 E(mg)	钙(mg)	镁(mg)	钾(mg)	钠(mg)	铁(mg)
18.72	60.60	31.47	56.11	103.20	10.43

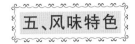

五、风味特色

色泽黄亮，食材丰富，浓香嫩滑。

六、烹技进阶

黑豆腐制作

将 200 克黑豆隔夜泡好，放入打汁机，加 1000 克水打出豆浆，滤出 250 克豆浆，再将 2 个鸡蛋打入碗中，用筷子搅拌均匀后倒入豆浆中，放入少许盐、湿淀粉搅拌均匀，取出一个小长钢盘底部铺上一层保鲜膜，把鸡蛋豆浆倒入钢盘中，表面再铺上一层保鲜膜隔水蒸 30 分钟左右，取出放冷后放入冰箱冷藏 30 分钟即可。

任务 33 客家炒腐竹

◈ 见多食广

河源龙川县出产的腐竹远近闻名。龙川腐竹色泽米黄，豆香味浓，久煮不烂。客家餐桌上少不了腐竹，炒腐竹便是常见的一道菜肴，搭配其他配菜一起烹调，熟后腐竹柔软弹牙，配菜鲜爽清甜，味道一流。

一、制作配方

原料	百分比（%）	数量/g	原料	百分比（%）	数量/g	原料	百分比（%）	数量/g
主料								
瘦肉	20	200	浸开的腐竹	30	300	浸开的木耳	10	100
蒜苗	5	50	芹菜	5	50			
辅料								
青红椒件	5	50						
调料								
盐	0.3	3	味精	0.3	3	鸡粉	0.3	3
湿淀粉	2	20	生抽	1.5	15			

二、制作步骤

步骤1：瘦肉切5cm×3cm×0.1cm片，将腐竹、蒜苗、芹菜切成长4cm段，木耳改成长宽3cm片。

步骤2：炒锅加入冷水烧开，分别将腐竹、木耳飞水，捞出控干水分。

步骤3：炒锅烧热，加入食用油，烧热至120℃，将肉片放入油内拉油至断生，捞出控干油分。

步骤4：炒锅烧热，加入少量食用油，放入青红椒件、蒜苗、芹菜炒至断生，加入肉片、腐竹、木耳，调入盐、味精、鸡粉、生抽炒匀，出锅装盘。

三、制作技巧

炒制的时间不宜过长。

四、菜品营养

蛋白质(g)	脂肪(g)	碳水化合物(g)	维生素A(mg)	维生素B1(mg)	维生素B2(mg)
182.61	78.03	94.07	0.15	3.35	0.54

续表

维生素 E(mg)	钙(mg)	镁(mg)	钾(mg)	钠(mg)	铁(mg)
92.73	33.81	55.12	33.09	125.10	64.31

鲜甜爽口,豆香浓郁。

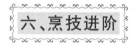

如何辨别腐竹的质量

1.看色泽。好的腐竹色泽米黄,颜色偏淡,表面油亮。色泽金黄的使用染色剂。

2.闻味道。好的腐竹使用优质大豆制成,闻之有豆香味,差的腐竹有异味或没有豆香味。

3.泡发。好的腐竹泡发后有光泽,有弹性不易碎。差的腐竹泡发后水浑浊,表面黏稠易断。

任务 34 煎酿三宝

◈ 见多食广

酿是客家地区典型烹调技法，酿的食材种类多样，如酿苦瓜、辣椒、茄子，也有酿豆腐、豆角、蛋角、芋头、猪血等，其色泽各异，形态美观，别具风味。在各式各样的酿式菜肴中，以煎酿三宝最具知名度，在客家地区几乎家家户户都会做，是客家酿菜中最具代表性的菜式。

一、制作配方

原料	百分比（％）	数量/g	原料	百分比（％）	数量/g	原料	百分比（％）	数量/g
主料								
五花肉	15	150	苦瓜	20	200	茄子	20	200
圆椒	10	100	香菇	2.5	25			
辅料								
红葱头	1	10	蒜蓉	0.5	5	姜米	0.5	5
豆豉	1	10						
调料								
盐	0.3	3	味精	0.3	3	鸡粉	0.3	3
料酒	1	10	湿淀粉	2	20	胡椒粉	0.3	3
麻油	0.2	2	生粉	1	10	生抽	1	10
蚝油	1	10						

二、制作步骤

步骤 1：将五花肉末放入盘中，加入盐、味精、胡椒粉、生粉和匀，拌入冬菇粒、红葱头末搅拌均匀制成肉馅。

步骤 2：将苦瓜改成 2cm 厚瓜环，掏干净瓜囊，圆椒剖开，去掉籽囊，改成小圆盖，茄子改成 2cm 厚双飞件。

步骤 3：炒锅加入冷水烧开，将苦瓜飞水过冷水，擦干净水分，分别把苦瓜、茄子、圆椒抹上薄生粉，把肉馅分别酿入三宝里。

步骤 4：炒锅烧热，放入少量食用油，将酿好的三宝放入锅内，小火煎至两面金黄色。

步骤 5：炒锅烧热，放入少量食用油，放入蒜蓉、姜米、豆豉爆香，放入酿好的三宝，加入适量水，调入盐、味精、鸡粉、生抽、蚝油，加盖焖至恰度，用湿淀粉兑麻油、胡椒粉勾芡，出锅装盘，撒上葱花即可。

三、制作技巧

1.煎三宝时要热锅冷油，要小火，动作要轻，否则易烂。

2.焖制的时间不宜过长。

四、菜品营养

蛋白质(g)	脂肪(g)	碳水化合物(g)	维生素 A(mg)	维生素 B1(mg)	维生素 B2(mg)
21.86	45.7	37.26	0.18	2.11	0.25
维生素 E(mg)	钙(mg)	镁(mg)	钾(mg)	钠(mg)	铁(mg)
7.81	16	17.71	126.40	141.55	4.68

五、风味特色

肉质鲜美，豉香咸鲜。

六、烹技进阶

制作煎酿三宝时为何先将三宝两面煎上色

1.增色作用。将三宝两面煎至金黄色，增加菜肴色泽，造型美观，促进食欲。

2.增香作用。用油煎过的三宝，肉香味突出，增加菜肴香味。

任务 35 —— 龙川佗城三宝

◆ 见多食广

　　"佗城三宝"即香信、春卷、豆腐丸，是佗城当地家家户户都会做的食品，对很多佗城人来说，这就是家的味道，其制作技艺已被列入河源市非物质文化遗产。在河源市首届十大特色美食评选活动中深受好评，获得优秀奖。

一、制作配方

原料	百分比（%）	数量/g	原料	百分比（%）	数量/g	原料	百分比（%）	数量/g
主料								
猪肉胶	50	500	鸡蛋	10	100	油豆腐	5	50
干香菇	0.5	5						
辅料								
葱花	0.3	3						
调料								
盐	0.2	2	味精	0.3	3	胡椒粉	0.2	2
鸡粉	0.2	2						

二、制作步骤

步骤 1:将鸡蛋打均匀，煎成蛋皮。将制好的猪肉胶平铺在鸡蛋皮上，再卷起来。蒸 10 分钟制成春卷。

步骤 2:将油豆腐对半切开，酿入猪肉胶，卷起来蒸制 10 分钟制成豆腐丸。

步骤 3:将猪肉胶挤成直径 4 厘米的肉丸，面上放一个香信香菇。蒸制 10 分钟，制成香信。

步骤 4:将三宝改完刀放入砂锅，加汤调味煲开热透撒上葱花即可。

三、制作技巧

1.猪肉胶要新鲜，有胶劲。

2.三宝卷的时候，一定要卷紧，不紧容易散。

3.煲的火候要控制好，不宜煲太久。

四、菜品营养

蛋白质(g)	脂肪(g)	碳水化合物(g)	维生素 A(mg)	维生素 B1(mg)	维生素 B2(mg)
85.55	201.63	15.46	0.27	1.20	1.09

续表

维生素 E(mg)	钙(mg)	镁(mg)	钾(mg)	钠(mg)	铁(mg)
15.87	14.52	14.07	13.52	131.32	12.34

五、风味特色

鲜香味美,口感爽口。

六、烹技进阶

如何制作猪肉胶

一定要选用猪头刀肉,肉质嫩滑有油分,用搅拌机打的时候四周一定要加冰块,防止温度过高造成熟化,口感不爽滑。

任 务 36 客家酿豆角

◈ 见多食广

　　豆角，是夏季常见的食材之一，具有健脾消腻之功效。客家菜的酿豆角，把肉馅酿在豆角编成的圈里面，经过煎焖烹调之后，豆脆肉嫩，香味浓郁，体现了客家人做菜无所不酿的智慧。

一、制作配方

原料	百分比(%)	数量/g	原料	百分比(%)	数量/g	原料	百分比(%)	数量/g
主料								
长豆角	2.4	24	五花肉	20	200	鸡蛋	5	50
冬菇	3	30						
辅料								
葱白	1	10	蒜头	0.5	5	干葱头	1	10
调料								
盐	0.5	5	麻油	0.5	5	色拉油	5	50
生抽	0.5	5	鸡粉	1	10	十三香	0.5	5
淀粉	1	10						

二、制作步骤

步骤1：长豆角去头尾放入锅内飞水至八成熟捞出，过冷水捞起控干水分，撒上生粉。

步骤2：五花肉洗干净去肉皮，和干葱头、泡发好的冬菇、蒜头一起剁碎，放入生抽、鸡粉、盐搅拌均匀。

步骤3：取一豆角从一端顺着一个圈做成环球状，中间酿入肉馅。

步骤4：平底锅烧热，放入少量食用油，放入酿豆角将两面煎至金黄色取出。

步骤5：炒锅烧热，加入少量食用油，爆香蒜茸、干葱头，调入蚝油、水、味精、生抽倒入酿豆角焖5分钟，用湿淀粉兑麻油勾芡收汁。

三、制作技巧

豆角焯水后要过冷水，否则易变黄，影响色泽。

四、菜品营养

蛋白质(g)	脂肪(g)	碳水化合物(g)	维生素 A(mg)	维生素 B1(mg)	维生素 B2(mg)
27.60	125.30	27.97	0.22	0.39	0.64
维生素 E(mg)	钙(mg)	镁(mg)	钾(mg)	钠(mg)	铁(mg)
17.69	11.82	60.40	60.06	185.62	11.89

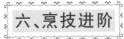

五、风味特色

香浓豆脆，肉质嫩滑。

六、烹技进阶

豆角在酿肉馅之前为什么要撒上生粉

豆角撒上生粉，是利用淀粉糊化的原理。豆角经过加热，糊化后的淀粉具有黏性，防止馅料脱落。

任务 37
客家小炒皇

◼ 见多食广

  小炒皇，是指用具有地方特色、优质的食材作为主要的材料烹调的一道菜肴。客家小炒皇，主要食材有南薯粉、五花肉、土鱿、腐竹、木耳、大蒜、鸡蛋等，用各种不同的食材放在一起烹调，爽口味鲜，色彩丰富，香味浓郁，荤素搭配合理，极具客家菜风味特色。

一、制作配方

原料	百分比（%）	数量/g		原料	百分比（%）	数量/g		原料	百分比（%）	数量/g
主料										
五花肉	10	100		干鱿鱼	5	50		南薯粉	25	250
木耳	5	50		大蒜	10	100		腐竹	15	150
鸡蛋	15	150								
辅料										
蒜头	10	100		香菜	2.5	25				
调料										
生抽	5	50		老抽	5	50		鸡粉	5	50
猪油	0.3	3		鱼露	0.1	10				

二、制作步骤

步骤1:南薯粉用温开水泡软,木耳泡好捞起切丝,干土鱿洗干净打直一开二切成丝;五花肉洗干净去皮切丝,腐竹用100℃油温炸至金黄色,泡水软后切5cm丝,香菜切5cm段,鸡蛋打散,放入湿淀粉煎成蛋皮后切丝,大蒜头切成2cm段、大蒜叶切5cm丝。

步骤2:炒锅加入冷水烧开,放入腐竹丝、木耳丝飞水捞出,利用锅内的水,加入老抽,放入红薯粉煨一下捞出控干水分。

步骤3:炒锅烧热,加入猪油,放入五花肉丝煸至金黄色后捞出,再放拍蒜爆香,加入肉丝、土鱿丝、蛋丝炒香,放入南薯粉,放入鱼露、味精、鸡粉、生抽、十三香炒匀,再放入大蒜丝、香菜段、腐竹丝、木耳丝、猪油炒干身即可。

三、制作技巧

1.南薯粉不要煮开,煮开炒时易碎。
2.炒时一定要放猪油,薯粉才软身,色泽光滑。

四、菜品营养

蛋白质(g)	脂肪(g)	碳水化合物(g)	维生素 A(mg)	维生素 B1(mg)	维生素 B2(mg)
1371.64	81.94	17.98	0.62	0.58	0.90

维生素 E(mg)	钙(mg)	镁(mg)	钾(mg)	钠(mg)	铁(mg)
54.39	360.3	16.30	16.82	458.59	35.81

五、风味特色

咸香滑口。

六、烹技进阶

制作客家小炒皇为什么使用猪油

1.增加菜肴香味。用猪油炒出来的菜色泽明亮，香味浓郁。

2.使薯粉变得软身。猪油油脂含量高，用猪油炒含淀粉较高的薯粉，才能使薯粉变得软滑。

任务 38 客家腊味拼盘

◆ 见多食广

　　腊味，是客家人每年冬天必备的年货，主要有腊肉、腊肠、腊鸭、腊鱼等。客家人从中原南迁，由于时常风餐露宿，客家祖先便把剩余的新鲜肉腌制起来，以便在食物稀缺时依然有食物来源。久而久之，这种腌制肉食的方法慢慢在客家饮食文化中占据重要位置。

一、制作配方

原料	百分比(%)	数量/g		原料	百分比(%)	数量/g		原料	百分比(%)	数量/g
主料										
腊鸭	20	200		客家白腊肉	10	100		客家腊肠	10	100
广东菜心	10	100								
辅料										
姜丝	0.3	3		香菜	0.2	2		葱花	0.5	5
调料										
盐	0.2	2		味精	0.3	3		料酒	0.5	5
生抽	0.3	3								

二、制作步骤

步骤 1：将腊鸭、腊肠、腊肉下料酒飞水。

步骤 2：把飞好水的腊味放上姜丝、葱、料酒入蒸柜蒸 8 分钟，广东菜心改刀备用。

步骤 3：起锅烧水，下盐味，花生油将广东菜心飞水备用。

步骤 4：把飞好水的广东菜心摆在碟底，蒸好的腊味取出分类改刀，摆放整齐，面上撒上葱花，淋上腊味原汁即可。

三、制作技巧

1.客家腊味以咸香盐腌为主，腌制需高度白酒。

2.制作客家腊味一定要自然风干。

3.客家腊味要注意咸度，过咸要多飞几次水。

四、菜品营养

蛋白质(g)	脂肪(g)	碳水化合物(g)	维生素 A(mg)	维生素 B1(mg)	维生素 B2(mg)
25.83	48.76	18.61	0.14	0.08	0.20

维生素 E(mg)	钙(mg)	镁(mg)	钾(mg)	钠(mg)	铁(mg)
0.47	274.99	18	34.80	264.11	114.54

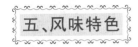

咸香适口。

腊味如何烹饪

　　腊味是一种"重盐高咸度"食材，虽然初加工经过浸泡、清洗、蒸制、切薄片、煸炒等方法进行了处理，仍有较重的盐分。在烹饪腊肉菜品的时候，一定要降低盐分的用量，最多调味到"半盐"。

任务 39 蜂巢水绿菜

◈ 见多食广

蜂巢，其实主要由芋茸、熟澄面、黄油和膨化剂一起调成的面团，经一定油温炸至起蜂窝状的状态。把面团裹入馅料炸熟，吃起来入口即有香、酥、脆、嫩、软、绵的质感，芋头软而细腻，香气十足。

一、制作配方

原料	百分比（%）	数量/g	原料	百分比（%）	数量/g	原料	百分比（%）	数量/g
主料								
水绿菜	15	150	五花肉	3	30			
辅料								
澄面	20	200	香芋	10	100	熟鸡蛋	7.5	75
调料								
盐	0.3	3	味精	0.5	5	臭粉	0.2	2
黄油	7.5	75	五香粉	0.2	2	蚝油	0.3	3
生抽	0.2	2	生粉	0.2	2			

二、制作步骤

步骤1:将五花肉切成小丁,水绿菜切成小丁备用。

步骤2:水绿菜飞水备用,起锅烧油,将五花肉丁蒜蓉爆香,倒入水绿菜调味爆炒,再放水焖煮,收汁勾芡成馅料。

步骤3:将澄面烫熟,香芋蒸熟压成茸状,依次下熟蛋黄、臭粉、黄油、盐、味精、五香粉,用手搓均匀。

步骤4:将制好的荔茸做成45克的坯子,包入水绿菜馅,做成圆柱形,起锅烧油,将油温上升到160℃,将制好的蜂窝水绿菜用油篱慢慢放下去炸制起蜂窝状捞起装盘即可。

三、制作技巧

1.水绿菜一定要炒干身,不要太多汁,否则不好包。

2.澄面一定要烫熟,不能夹生。

3.制荔茸一定要搓均匀,不能有颗粒。

4.炸蜂窝水绿菜,要掌握好油温,160℃浸炸至熟透热透。

四、菜品营养

蛋白质(g)	脂肪(g)	碳水化合物(g)	维生素 A(mg)	维生素 B1(mg)	维生素 B2(mg)
38.03	93.74	161.54	0.24	1.25	0.44
维生素 E(mg)	钙(mg)	镁(mg)	钾(mg)	钠(mg)	铁(mg)
4.93	205.88	2.23	19.27	524.15	158.65

五、风味特色

颜色均匀,金黄酥脆,造型美观。

六、烹技进阶

如何使荔茸起蜂巢

原料之间的比例要准确;油温要准确,可以借助油温计去测准确热油的温度;炸的时候慢慢下料,待底部起蜂巢的时候再慢慢把原料往下放至没过油面,否则炸不起蜂巢状。

第四章

客家风味点心制作

任务1 艾粄

◼ 见多食广

　　艾粄，又称青团、清明粄等，在客家地区素有"清明前后吃艾粄，一年四季不生病"的说法。客家人在清明节前后以吃艾粄为定俗，由于艾叶有祛湿、健脾胃的功效，所以有了吃清明粄身体强健之说。近年来，艾叶除作为艾粄食用外，厨师还利用其制作出上汤艾叶、艾叶煎蛋饼、艾草饺子等菜点，深受顾客青睐。

一、制作配方

原料	百分比(%)	数量/g		原料	百分比(%)	数量/g		原料	百分比(%)	数量/g
面团										
糯米粉	50	500		艾叶	20	200				
馅料										
花生仁	15	150		黑芝麻	15	150		白糖	15	250

二、制作步骤

步骤1：将艾叶洗净后加少量水煮透，用搅拌机搅拌成泥。

步骤2：花生和芝麻小火分别炒熟，花生仁去皮磨碎。

步骤3：将花生仁、熟芝麻和白糖搅拌均匀成为馅料。

步骤4：将艾叶泥和糯米粉混合均匀，加入适量的开水揉制成光滑的面团。

步骤5：取40克面团包入50克馅料，用手捏成圆形。

步骤6：包好的艾板上笼大火蒸制8分钟后取出即可。

三、制作技巧

1. 花生和芝麻需小火炒制，过火会发苦。
2. 掌握好面团水量，水少容易干裂，水多粘手。
3. 包入馅料的面团剂子不能太薄，太薄蒸时容易塌陷。

四、菜品营养

蛋白质(g)	脂肪(g)	碳水化合物(g)	维生素 A(mg)	维生素 B1(mg)	维生素 B2(mg)
111.40	140.60	659.75	0.08	2.57	0.72

维生素 E(mg)	钙(mg)	镁(mg)	钾(mg)	钠(mg)	铁(mg)
107.38	28.85	25	10.20	41.70	128.35

艾味香郁、香甜糯软。

揉制艾叶面团应注意什么

艾叶泥含有水分，揉制艾叶面团时应适当控制水量，揉成光滑不粘手面团即可。

任务2 客家萝卜粄

◈见多食广

每逢冬至,客家地区家家户户都会备上丰盛的菜肴,而萝卜粄则是餐桌上必不可少的一道特色点心,因此萝卜粄也称为"冬至团",寓意合家团圆。客家萝卜粄多以萝卜丝、腊肉、香菇、虾米、花生米、葱等食材做成馅,包进糯米面团中,捏成饺子形状,可以蒸、水煮和煎。

一、制作配方

原料	百分比(%)	数量/g		原料	百分比(%)	数量/g		原料	百分比(%)	数量/g
面团										
糯米粉	18	180		沾米粉	12	120		猪油	4	40
盐	0.3	3								
馅料										
白萝卜	25	250		五花肉	5	50		腊肠	2.5	25
虾皮	2.5	25		香菇	2.5	25		芹菜	1	10
葱	1	10								
调料										
盐	0.3	3		味精	0.2	2		五香粉	0.2	2
胡椒粉	0.2	2		麻油	0.2	2				

二、制作步骤

步骤 1：将萝卜切丝焯水，沥出多余水分。

步骤 2：热锅下油，放入腊肠粒、芹菜粒、香菇粒、虾皮、五花肉粒翻炒后，再加入萝卜丝炒匀，加入盐、味精、胡椒粉等调味，起锅放凉待用。

步骤 3：粉类原料混合均匀后加水揉成光滑不粘手的面团。

步骤 4：取 40 克面团捏成皮，包入 50 克馅料后捏成饺子状。

步骤 5：捏好的萝卜粄放入笼中，旺火蒸 8 分钟取出即可。

三、制作技巧

1.掌握好面团水量，少水容易干裂，水多粘手。

2.包入馅料的面团剂子不能太薄，太薄蒸时容易破裂塌陷。

3.萝卜粄放油纸上蒸，或蒸笼刷油再放油纸，成品不易粘底。

四、菜品营养

蛋白质(g)	脂肪(g)	碳水化合物(g)	维生素 A(mg)	维生素 B1(mg)	维生素 B2(mg)
34	70.04	270.08	1.68	6.07	0.48

续表

维生素 E(mg)	钙(mg)	镁(mg)	钾(mg)	钠(mg)	铁(mg)
4.98	37.88	14.37	75.23	206.10	9.44

外皮糯软、馅料咸香，萝卜粄可蒸、可煮、可煎。

糯米粉类面团不易开裂技巧

可揉一小团糯米粉面团入开水中煮成熟糍，熟糍黏性较大，加入糯米粉中再加入水揉成的面团黏性较大不易开裂。

任务3 客家九重皮

◈ 见多食广

客家九重皮是以大米研磨调制成的米浆，经九层逐层蒸制加热制作而成，成品薄厚均匀，层次分明，因各层蒸制时间不同而富有口感变化，是客家地区最具特色的传统小吃之一。

一、制作配方

原料	百分比(%)	数量/g		原料	百分比(%)	数量/g		原料	百分比(%)	数量/g
主料										
水磨黏米粉	50	500		水	130	1300				
辅料										
木耳	5	50		腐竹	5	50		虾皮	5	50
调料										
水	20	200		酱油	4	40		盐	0.3	3
味精	0.3	3		麻油	0.5	5				

二、制作步骤

步骤1：木耳提前用水泡开后，用刀切成木耳丝待用。

步骤2：水磨粉倒入盆中，加入清水搅拌均匀，形成粉浆。

步骤3：将切好的木耳丝放入粉浆中拌匀。

步骤4：蒸盘涂油，倒入第一层粉浆，入锅蒸5分钟。

步骤5：分九次一层层依次倒入蒸熟，形成清晰的层次。

步骤6：蒸好后的成品放凉，切块后淋上酱油，撒上炸过的腐竹碎、虾皮即可。

三、制作技巧

1.每一层蒸制时间要充足，以免影响层次清晰度。

2.腐竹应选客家咸腐竹，风味更佳，炸制时间要短，以免过火。

四、菜品营养

蛋白质(g)	脂肪(g)	碳水化合物(g)	维生素 A(mg)	维生素 B1(mg)	维生素 B2(mg)
42.64	16.09	60.46	0.01	0.10	0.18

维生素 E(mg)	钙(mg)	镁(mg)	钾(mg)	钠(mg)	铁(mg)
18.13	63.24	19.80	68	436.34	27.04

五、风味特色

层次分明，色泽洁白，清甜软糯，口感多变，冷藏后食用味道更佳。

六、烹技进阶

九重皮成品效果的影响因素主要有哪些

制作九层皮的时候，以籼米磨成的米粉为佳，注意把握好掺水量，一般粉和水的比例为 1∶2.3，粉浆蒸制时应一层蒸熟定型后再淋一层，成品才能层次分明。

任务4 客家甜粄

◈见多食广

客家甜粄，俗称年糕，按传统习俗，一般在农历腊月二十五之后才开始制作，其以糯米粉和红糖为主要材料，经蒸制放凉后切块，直接食用或油煎食用。甜粄柔韧味甜，寓意新的一年甜蜜不断、好运连连。

一、制作配方

原料	百分比（%）	数量/g	原料	百分比（%）	数量/g	原料	百分比（%）	数量/g
主料								
糯米粉	50	500	红糖	25	250	水	50	500
辅料								
玉米油	2.5	25	熟芝麻	2.5	25			

二、制作步骤

步骤 1：红糖加水煮成红糖水。

步骤 2：往糯米粉内加入红糖水混合均匀。

步骤 3：加入玉米油，继续搅拌均匀。

步骤 4：浅圆盘底抹油，将面团摊开，用刮板摊平表面。

步骤 5：下锅蒸 20 分钟，取出放冷后切块，撒上炒香的芝麻即可。

三、制作技巧

1.掌握好面团水量，水少成品干硬，水多则不成型。
2.刚蒸好的甜粄较为软黏，应放置冷却后再切块。

四、菜品营养

蛋白质(g)	脂肪(g)	碳水化合物(g)	维生素 A(mg)	维生素 B1(mg)	维生素 B2(mg)
51.35	39.70	620.55	—	0.62	0.22

维生素 E(mg)	钙(mg)	镁(mg)	钾(mg)	钠(mg)	铁(mg)
27.21	58.78	45.33	69	60.15	13.38

五、风味特色

色泽光亮，香糯甜软，富有黏性。

任务5 客家老鼠粄

◼见多食广

老鼠粄又称为老鼠粉、珍珠粄，因两端尖，形似老鼠而得名老鼠粄。老鼠粄成品光滑而富有弹性，通过肉末、虾皮等提香，加之以高汤烹煮，成品鲜香美味。此外，老鼠粄中也可加入烧鸭、猪脚、肉丸作为辅料，也可以用于干拌

一、制作配方

原料	百分比（%）	数量/g	原料	百分比（%）	数量/g	原料	百分比（%）	数量/g
主料								
黏米粉	37.5	375	木薯粉	17.5	175	龙骨	50	500
辅料								
泡发木耳	5	50	猪肉碎	15	150	腐竹碎	2	20
香菇	5	50	虾米	2.5	25	香菜	1	10
葱	1	10						

二、制作步骤

步骤1：将黏米粉和木薯粉混合搅拌均匀，加入开水烫面，拌匀后揉成团。

步骤2：取一小块面团，用手搓成老鼠尾巴形状。

步骤3：锅中烧水，水开后将老鼠粄放入水中煮熟捞出。

步骤4：把香菇、木耳泡好后切丝，香菜切段，葱切粒，虾米泡5分钟后沥干水分备用。

步骤5：将木耳丝、香菇丝、虾米、猪肉碎炒香。

步骤6：锅中倒入龙骨汤煮开，再加入老鼠粄煮熟。

步骤7：加入炒好的香菇丝、木耳丝、虾米、猪肉碎拌匀。

步骤8：老鼠粄盛入碗中，加入炸好的腐竹碎，撒上香菜、葱花即可。

三、制作技巧

1.注意控制面团水量，以免水多而无法形成面团。

2.控制好老鼠粄煮制时间，煮制时间太长会影响老鼠粄口感。

四、菜品营养

蛋白质(g)	脂肪(g)	碳水化合物(g)	维生素 A(mg)	维生素 B1(mg)	维生素 B2(mg)
65.80	136.89	497.96	0.10	1.39	1.33
维生素 E(mg)	钙(mg)	镁(mg)	钾(mg)	钠(mg)	铁(mg)
11.13	32.20	18.46	155.24	191.26	29.08

五、风味特色

色泽洁白、糯软略带弹性、汤味浓郁咸香，也可干拌食用。

六、烹技进阶

老鼠粄揉搓易散不成形

烫面时需用沸水冲烫面，水温太低面团黏性不足容易干散，影响老鼠粄成型。

任务6 铁勺喇

◈ 见多食广

铁勺喇又名铁勺挞、铁勺饼，是将调好的米浆加入花生仁、黄豆或芝麻等配料，经热油炸制而成，口感咸香酥脆。

一、制作配方

原料	百分比（%）	数量/g	原料	百分比（%）	数量/g	原料	百分比（%）	数量/g
主料								
黏米粉	25	250	水	30	300			
辅料								
花生仁	5	50	小茴香	0.5	5			
调料								
盐	0.7	7						

二、制作步骤

步骤1:黏米粉中加入清水,至水刚好没过黏米粉,放盐和1个蛋清,加入花生仁、小茴香搅拌均匀。

步骤2:大火烧开油,用铁勺挞勺舀一勺油后倒出,使勺底有一层薄油层。

步骤3:挞模勺一勺粉浆,入油锅静炸。

步骤4:在油中炸至定型后,轻轻晃动铁勺,使其脱模,待颜色金黄浮起后捞出沥干油分,装盘即可。

三、制作技巧

1.注意控制好黏米粉加水量,以免影响铁勺挞质量。

2.注意铁勺挞模具舀粉浆时应先过油,防止粘连模具脱不出。

四、菜品营养

蛋白质(g)	脂肪(g)	碳水化合物(g)	维生素 A(mg)	维生素 B1(mg)	维生素 B2(mg)
37.28	107.38	227.73	0.04	1.14	0.63

续表

维生素 E(mg)	钙(mg)	镁(mg)	钾(mg)	钠(mg)	铁(mg)
7.92	228.06	17.15	138.35	260.43	1.50

五、风味特色

色泽金黄，呈圆薄饼形，口感咸脆。

六、烹技进阶

铁勺挞油炸时如何更好地脱模

制作铁勺挞时，需要用到特制的圆铁勺舀粉浆，在油炸的过程中容易出现粘模的现象，影响成品质量，因此，在炸制过程中为便于脱模，油炸时油温要高，舀粉浆时铁勺应先过下热油，形成油层后再舀粉浆，此外，加入鸡蛋也有利于铁勺挞脱模。

任务7 灯盏粄

◎**见多食广**

灯盏粄是河源连平地方特色小吃，以黏米粉、白萝卜为主料制作而成，成品酥香，咸中带辣。

一、制作配方

原料	百分比（%）	数量/g		原料	百分比（%）	数量/g		原料	百分比（%）	数量/g
主料										
黏米粉	25	250		水	30	300		白萝卜	25	250
鸡蛋	5	50								
辅料										
红辣椒	1	10		葱	2	20				
调料										
盐	0.7	7		味精	0.3	3		胡椒粉	0.3	3
五香粉	0.2	2								

二、制作步骤

步骤 1：白萝卜刨丝、红辣椒切细粒，将萝卜丝和辣椒粒混匀。

步骤 2：黏米粉中加入清水，至水刚好没过黏米粉，放盐和 1 个蛋清搅拌均匀。

步骤 3：大火烧开油，用铁勺挞勺舀一勺油后倒出，在勺底铺上一层薄油层。

步骤 4：挞模勺一勺粉浆，加入萝卜丝，再淋入粉浆后，入油锅静炸。

步骤 5：在油中炸至定型后，轻轻晃动铁勺，使其脱模，待颜色金黄浮起后捞出沥干油分，装盘即可。

三、制作技巧

1.注意控制好黏米粉加水量。

2.注意铁勺模具舀粉浆时应先过油，防止粘连模具脱不出。

四、菜品营养

蛋白质（g）	脂肪（g）	碳水化合物（g）	维生素 A（mg）	维生素 B1（mg）	维生素 B2（mg）
29.67	9.01	219.73	0.77	0.12	0.23

维生素 E(mg)	钙(mg)	镁(mg)	钾(mg)	钠(mg)	铁(mg)
2.29	141.80	68.01	77.18	357.90	4.79

五、风味特色

色泽金黄、咸香带辣、外酥里嫩。

任务8 客家油果

◈ 见多食广

　　客家油果又名炸煎堆，是由糯米粉加糖水揉成面团炸制而成。在客家地区，炸制好的油果可直接食用，也可以再蒸熟食用。

❖ 一、制作配方

原料	百分比(%)	数量/g		原料	百分比(%)	数量/g		原料	百分比(%)	数量/g
主料										
糯米粉	50	500		红薯	25	250		热水	20	200
调料										
白糖	20	200								

二、制作步骤

步骤1:红薯削皮蒸熟,放凉后捣成泥。

步骤2:将糯米粉和白糖混合均匀。

步骤3:糯米粉中加入红薯泥拌匀,再加入开水揉成面团。

步骤4:从面团中摘出40克的面团搓成长椭圆形。

步骤5:锅中热油后下油锅炸至金黄捞出,沥干油分即可。

三、制作技巧

1.注意糯米粉面团加开水时应把握好开水量,水多容易造成粘连不成型。

2.注意油温控制在120℃左右,炸制成熟后加热油温直至金黄捞出。

四、菜品营养

蛋白质(g)	脂肪(g)	碳水化合物(g)	维生素 A(mg)	维生素 B1(mg)	维生素 B2(mg)
39.45	5.50	647.05	0.31	0.10	0.10

维生素 E(mg)	钙(mg)	镁(mg)	钾(mg)	钠(mg)	铁(mg)
0.65	199.50	24.50	68.50	115	9.20

色泽金黄、呈椭圆形、糯软香甜。

炸油果成功的关键是什么

油果成功的关键在于面团的掺水量，糯米粉面团掺水量不能太高，面团以干爽、能揉压成团为宜，这样炸制的油果形态美观，不易变形。

任务9 客家咸糍

◼见多食广

客家咸糍是由糯米粉揉成面团，油炸而成，成品色泽金黄，外脆里糯，咸香适口，通过掺入土豆泥或红薯泥揉成的面团，风味更佳。

一、制作配方

原料	百分比(%)	数量/g		原料	百分比(%)	数量/g		原料	百分比(%)	数量/g
主料										
糯米粉	50	500		红薯	25	250				
辅料										
黑芝麻	3	30		猪油	3	30				
调料										
盐	1.5	15		白糖	10	100				

二、制作步骤

步骤1:红薯削皮蒸熟,放凉后捣成泥。

步骤2:取少量糯米粉加水揉成团后,放入开水中煮熟捞起成为熟糍。

步骤3:往糯米粉中加入番薯泥、黑芝麻和30克熟糍,再加入盐和开水揉成面团。

步骤4:从面团中摘出50克的面团搓圆,压成饼状,用拇指在中间挖一个圆孔。

步骤5:下油锅炸至金黄色捞出,沥干油分即可。

三、制作技巧

1.注意糯米粉面团加开水时应把握好开水量,水多容易造成粘连不成型。

2.注意油温控制在140℃左右,炸制成熟后加热油温直至金黄色捞出。

四、菜品营养

蛋白质(g)	脂肪(g)	碳水化合物(g)	维生素 A(mg)	维生素 B1(mg)	维生素 B2(mg)
39.70	35.38	647.11	0.31	0.10	0.10

维生素 E(mg)	钙(mg)	镁(mg)	钾(mg)	钠(mg)	铁(mg)
0.65	199.50	24.50	38.50	550	9.93

五、风味特色

色泽金黄，呈圆饼形，表面平整，糯软咸香。

六、烹技进阶

炸咸糍成功的关键是什么

咸糍在炸制过程中，应注意把控好油温，油温一般控制在140℃左右，油温太低，咸糍吸油较多，成品外形软而易塌，严重影响美观和口感，油温太高颜色变深，口感变硬。此外，炸制过程中应防止咸糍沉底而导致底部焦黑，炸制完成后可静置或吸油纸滤去多余油分。

任务 10　客家咸水角

◈见多食广

　　客家咸水角是经糯米粉揉成面团，包入
眉豆馅，经油炸而成的客家特色点心，成品
为饺子状，中间圆润饱满，两头略尖，具有
外脆里糯，咸香可口等特点。

一、制作配方

原料	百分比（%）	数量/g		原料	百分比（%）	数量/g		原料	百分比（%）	数量/g
面团										
糯米粉	25	250		澄面	15	150		沸水	12.5	125
冰水	20	200		猪油	7.4	74		花生油	1.2	12
白糖	6.2	62								
馅料										
眉豆	50	500		猪油	3	30				
调料										
十三香	1	10		盐	0.65	6.5		味精	0.6	6
胡椒粉	0.6	6								

二、制作步骤

步骤1：眉豆事先泡水，加盐、味精、十三香、胡椒粉和水搅拌均匀，下高压锅压熟。

步骤2：取75克澄面加入125克沸水烫成面团；糯米粉和剩下澄面混匀，加入熟澄面，再加入冰水、猪油和花生油揉成面团。

步骤3：面团擀开包入馅料，捏成饺子形（皮30克、馅45克）。

步骤4：锅中油温升高至140℃，将包好的咸水角下油中炸至金黄色捞出即可。

三、制作技巧

1.糯米粉面团加开水时应把握好开水量，水多容易造成粘连不成型。

2.防止咸水角沉底造成底部炸焦。

四、菜品营养

蛋白质（g）	脂肪（g）	碳水化合物（g）	维生素 A（mg）	维生素 B1（mg）	维生素 B2（mg）
115.32	119.12	604.69	—	0.77	0.93

维生素 E(mg)	钙(mg)	镁(mg)	钾(mg)	钠(mg)	铁(mg)
66.67	36.92	12.29	49.85	419.26	114.41

五、风味特色

色泽金黄，外皮糯软，馅料咸香。

任务 11 梅州腌面

◆ 见多食广

　　梅州腌面是客家人早餐宵夜最常吃的小吃之一，因其色泽金黄，面条弹牙，馅料咸香而备受人们喜爱。在广东，一碗梅州腌面配上三及第汤（瘦肉、猪肝、粉肠），是客家人心目中的标配吃法。

一、制作配方

原料	百分比（%）	数量/g	原料	百分比（%）	数量/g	原料	百分比（%）	数量/g
主料								
面条	50	500	猪油	2.5	25			
辅料								
肥膘	10	100	五花肉	7.5	75	红葱头	10	100
蒜头	10	100						
调料								
沙茶	0.7	7	鱼露	0.5	5	生抽	0.6	6
老抽	0.3	3	麻油	1	10	水	10	100

二、制作步骤

步骤 1：将肥膘洗净切片，和红葱头一起放入油锅中炸至金黄捞起沥油。

步骤 2：五花肉洗净剁碎后放入油锅中炒熟捞起待用。

步骤 3：将红葱头、部分蒜头剁碎，放入油锅中爆香，加入其他调味料和水，慢火煮开。

步骤 4：把剩下的蒜头碎下油锅炸至金黄捞出。

步骤 5：锅中烧水，待水开后放入面条煮 30 秒捞出，控干水分后倒入碗中，加入酱料和猪油拌匀，再均匀撒上肉末、葱花和炸好的蒜头。

三、制作技巧

1.煮酱料时小火煮开即可，大火容易煮干。
2.鲜面条下水煮制时间不宜太长，时间长面条绵软无弹性，捞起应控干水分再倒入碗中。

四、菜品营养

蛋白质(g)	脂肪(g)	碳水化合物(g)	维生素 A(mg)	维生素 B1(mg)	维生素 B2(mg)
101.90	161.63	321.85	—	2.01	0.79

维生素 E(mg)	钙(mg)	镁(mg)	钾(mg)	钠(mg)	铁(mg)
5.87	195.1	21.03	61.73	145.82	18.24

面条油滑弹口，馅料咸香。

任务 12 客家萝卜爽

◈见多食广

客家萝卜爽也叫腌萝卜，讲究爽脆、酸甜，在宴席前，各来一碟开胃的腌萝卜和炸花生小吃，成为客家人约定俗成的一大喜好。

一、制作配方

原料	百分比(%)	数量/g	原料	百分比(%)	数量/g	原料	百分比(%)	数量/g
主料								
白萝卜	250	2500						
调料								
白醋	25	250	生抽	19	190	酸梅酱	3.5	35
白糖	30	300	指天椒	1.5	15			

二、制作步骤

步骤 1:将白萝卜洗净沥干水分后，去皮切成长 7cm、宽 1.5cm、高 1cm 的条。

步骤 2:将白萝卜条和其他调味料拌匀。

步骤 3:将拌匀的白萝卜条倒入容器中，腌制 3 天即可食用。

三、制作技巧

1.白萝卜腌制时应控干水分，水分太多不利于保藏。

2.腌制好的萝卜应盖紧放冰箱冷藏。

四、菜品营养

蛋白质(g)	脂肪(g)	碳水化合物(g)	维生素 A(mg)	维生素 B1(mg)	维生素 B2(mg)
27.17	14.34	382.70	0	0.54	0.46

维生素 E(mg)	钙(mg)	镁(mg)	钾(mg)	钠(mg)	铁(mg)
0	133.04	37.36	48.67	451.73	17.43

五、风味特色

色泽白净，酸辣爽脆。

参 考 文 献

[1]吴善平.客家河源与天下客家第 23 届世界客属恳亲大会国际客家文化学术研讨会论文集(上)[M].哈尔滨:黑龙江人民出版社,2010.

[2]周峰.岭南文化集萃地[M].广州:广东人民出版社,2016.

[3]宋德剑,罗鑫.客家饮食[M].广州:暨南大学出版社,2015.

[4]杨彦杰.地方社会与文化传统[M].广州:广东人民出版社,2018.

[5]俞彤.客家菜点制作[M].郑州:郑州大学出版社,2020.

[6]谢如剑.大埔客家民俗[M].广州:广东人民出版社,2008.

[7]黎章春.客家饮食文化研究[M].哈尔滨:黑龙江人民出版社,2008.

[8]巫炬华.现代粤菜烹调技术[M].北京:机械工业出版社,2012.

[9]曾远波.客家菜[M].成都:成都时代出版社,2011.

[10]孔润常.独特客家饮食[J].四川旅游学院学报,2006,(1):37－38.

[11]罗舜芬.客家饮食文化的传承与演变[J].江西食品工业,2009,(3):20－23.

[12]孔强.山珍咸香的客家饮食[J].东方食疗与保健,2006,(6):55－57.

[13]张文锋,廖彩新.赣南客家祠堂里的宴席习俗[J].神州民俗(通俗版),2016,(9):22－25.

[14]赖广昌.客家宴席的"五美"[J].烹调知识,2013,(6):28.

[15]谢菲.客家人生仪礼宴席饮食的审美意蕴:以广西玉林博白县龙潭镇大安村为例[J].南宁职业技术学院学报,2009,14(2):1－4.

[16]陈钢文.略述客家菜的传承与创新[J].中国烹饪,2014,(5):58－59.

[17]王蓓.浅谈中华食养文化[J].扬州大学烹饪学报,2006,(1):15－17.

[18]李想,何小东,刘诗永.国内外美食旅游发展趋势[J].旅游研究,2019,11(4):5－9.

[19]张文锋.赣南客家人的婚嫁习俗[J].寻根,2019,(5):47－49.